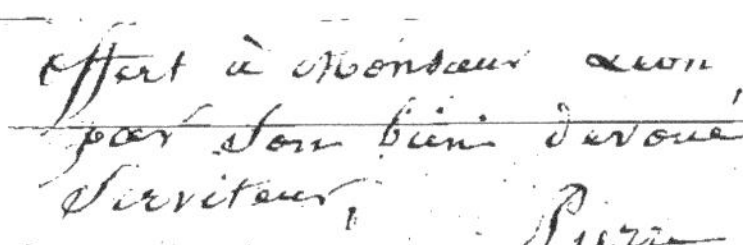

COLLECTION

ARCHÉOLOGIQUE

DU

PRINCE PIERRE SOLTYKOFF

HORLOGERIE

DESCRIPTION ET ICONOGRAPHIE DES INSTRUMENTS HORAIRES DU XVIᵉ SIÈCLE

PRÉCÉDÉE

D'UN ABRÉGÉ HISTORIQUE

DE

L'HORLOGERIE AU MOYEN AGE

ET PENDANT LA RENAISSANCE

SUIVIE DE LA BIBLIOGRAPHIE COMPLÈTE DE L'ART DE MESURER LE TEMPS

DEPUIS L'ANTIQUITÉ JUSQU'A NOS JOURS

PAR PIERRE DUBOIS

AUTEUR DE L'HISTOIRE ET TRAITÉ DE L'HORLOGERIE

PARIS

LIBRAIRIE ARCHÉOLOGIQUE DE VICTOR DIDRON

23 RUE SAINT-DOMINIQUE SAINT-GERMAIN

CHEZ L'AUTEUR, 13 RUE DU FAUBOURG-POISSONNIÈRE

1858

COLLECTION
ARCHÉOLOGIQUE

DU

PRINCE PIERRE SOLTYKOFF

PARIS. — IMPRIMERIE DE J. CLAYE

RUE SAINT-BENOIT, 7

COLLECTION
ARCHÉOLOGIQUE

DU

PRINCE PIERRE SOLTYKOFF

HORLOGERIE

DESCRIPTION ET ICONOGRAPHIE DES INSTRUMENTS HORAIRES DU XVIᵉ SIÈCLE

PRÉCÉDÉE

D'UN ABRÉGÉ HISTORIQUE

DE

L'HORLOGERIE AU MOYEN AGE

ET PENDANT LA RENAISSANCE

SUIVIE DE LA BIBLIOGRAPHIE COMPLÈTE DE L'ART DE MESURER LE TEMPS

DEPUIS L'ANTIQUITÉ JUSQU'A NOS JOURS

PAR PIERRE DUBOIS

AUTEUR DE L'HISTOIRE ET TRAITÉ DE L'HORLOGERIE

PARIS

LIBRAIRIE ARCHÉOLOGIQUE DE VICTOR DIDRON

23 RUE SAINT-DOMINIQUE SAINT-GERMAIN

CHEZ L'AUTEUR, 13 RUE DU FAUBOURG-POISSONNIÈRE

1858

COLLECTION

ARCHÉOLOGIQUE

DU PRINCE

PIERRE SOLTYKOFF

AVANT-PROPOS

Il fut un temps, et ce temps n'est pas encore bien éloigné, où les montres et les horloges portatives du xvie siècle n'avaient aucune valeur en France; on les dédaignait malgré leur forme gracieuse, on les reléguait dans les vieux meubles de famille, parce que leurs frêles organes rouillés par le temps ne pouvaient plus comme autrefois marquer les heures.

L'école romantique, qui prévalut en Europe quelques années avant la révolution de juillet 1830, eut pour effet de modifier l'opinion publique touchant les hommes et les choses des trois siècles qui précédèrent celui de Louis XIV, et bientôt dans toutes les classes de la société on voulut bien s'apercevoir, par exemple, que l'architecture ogivale ou gothique n'était pas laide et baroque comme on l'avait cru précédemment. Les imagiers, les *illuminateurs-*

calligraphes, les peintres-verriers, les sculpteurs, les orfévres, les potiers, les émailleurs, les horlogers, les graveurs, les ciseleurs, les ébénistes du moyen âge s'élevèrent peu à peu dans l'estime publique, et enfin les ouvriers du siècle des Valois furent considérés comme de grands artistes. Donc l'école romantique ne fut pas stérile, puisque, malgré les exagérations dont on l'accuse avec raison, les travaux de ses principaux fondateurs fixèrent l'attention du public sur les plus belles époques de l'histoire moderne, mirent en évidence les produits archéologiques de ces mêmes époques, arrêtèrent l'élan destructeur de l'affreuse *bande noire*, et nous conservèrent quelques monuments historiques du plus haut prix.

Là commence l'œuvre d'abord facile, mais bientôt très-difficile des collectionneurs érudits; difficile en effet, car la concurrence ne tarda pas à s'établir parmi les acheteurs, qui tous voulurent posséder des objets fabriqués au moyen âge et à la renaissance. Les montres et les horloges obtinrent la même faveur, on se les disputa dans les ventes publiques, chez les marchands de curiosités, etc., et elles sont aujourd'hui d'un prix excessif, inabordable.

Lorsque je fus admis à visiter pour la première fois la collection du prince Pierre Soltykoff, laquelle est sans contredit une des plus remarquables de l'Europe par le grand nombre et la pureté des objets qu'elle contient, je fus heureux d'y trouver une suite d'instruments horaires d'un travail exquis, d'une ornementation peu commune. J'obtins d'abord la permission de prendre des notes, de dessiner quelques types, puis bientôt, le prince ayant bien voulu mettre à ma disposition, pour les cataloguer et les décrire, toutes les pièces d'horlogerie qui avaient été l'objet de mon admiration, je me hâtai de rassembler mes notes, de les compléter et de les livrer à l'impression.

Sans doute mon travail écrit eût été insuffisant pour donner au lecteur une idée de l'importance artistique de ces jolies machines servant à la mesure du temps ; c'est pourquoi je n'ai pas balancé à joindre au texte toutes les gravures qui m'étaient nécessaires pour élucider mes descriptions.

Ce livre ne contient qu'une faible partie des objets d'art que le prince Soltykoff a rassemblés autour de lui, et qu'une plume plus habile que la mienne fera probablement connaître aux amateurs compétents, dans une publication ultérieure ; ce sera là une œuvre admirable, intéressante et utile, si, comme je n'en doute pas, elle est conduite avec le soin et la sollicitude qu'elle exige.

Que de choses se présenteront aux regards du descripteur ! Par où commencera-t-il ses savantes recherches, ses laborieuses investigations ? Dans ce temple consacré aux beaux-arts, cheminant à travers les siècles qui revivent ici par les précieux objets qu'ils ont produits, il décrira les belles et fortes armures des temps chevaleresques, casques, boucliers, glaives, poignards masses d'armes, caparaçons, chanfrains, notamment celui du cheval de bataille de l'empereur Ferdinand, curieuse relique historique inestimable. Mais combien d'autres objets dignes d'être admirés frappent incessamment les regards de l'amateur dans cette galerie splendide que j'ai si souvent parcourue ! Ici sont les émaux de Limoges, chefs-d'œuvre des Pénicaud, des Léonard, des Raimond et de leurs émules. Là s'étalent sous nos yeux les faïences moulées des Robbia, de Bernard Palissy, les Majoliques de table et d'apparat décorées d'arabesques et de figures raphaélesques finement coloriées par Mastro Giorgio et plusieurs autres potiers décorateurs des villes de Faenza, d'Urbino, de Gubbio, de Pesaro, etc. Plus loin sont les bijoux byzantins, coffrets, reliquaires, ostensoirs, brûle-parfums ou encensoirs, crosses

épiscopales, croix latines, autels domestiques ou portatifs, chande-
liers, etc., objets rares et curieux découpés dans le cuivre, couverts de dessins naïvement gravés, enrichis de pierres fines et d'é-
maux translucides ou opaques de diverses et charmantes couleurs.
L'Orient a versé ses trésors dans cet autre compartiment. Ces armes
niellées, damassées, ces cottes de mailles impénétrables, ces cui-
rasses, brassards, cartouchières, selles garnies d'or et de pierres
précieuses, ces filigranes microscopiques, etc., etc., sont d'impéris-
sables monuments de l'adresse et du bon goût des Circassiens, des
Birmans, des Arabes, des Persans, et de plusieurs autres peuples
de l'Asie et de l'Europe orientale, dont la fabrication n'a pas
changé depuis les temps antiques jusqu'à nos jours.

Je ne finirais pas si je voulais seulement mentionner les objets
que renferme cette galerie hors ligne ; mais je m'arrête ici pour ne
pas déflorer le travail du futur descripteur de toutes ces belles
choses. Je dirai cependant qu'en parcourant l'espace occupé par les
boiseries ouvrées, les retables, les châsses, les prie-dieu, les bahuts,
les vitraux peints, les cristaux, les pièces d'orfévrerie, les ustensiles
de ménage du XIIe au XVIe siècle, on aime à remeubler par la pensée
les églises et les monastères, les châteaux, les palais princiers, et
alors on voit circuler dans ces vastes demeures, les abbés mitrés,
les évêques, les moines, les nobles et belles châtelaines suivies de
leurs pages, suivantes et varlets, les hauts barons s'apprêtant pour
aller aux combats, ou, joyeux disciples de saint Hubert, donner des
ordres aux veneurs pour la chasse.

La pensée va plus loin encore : peut-être la duchesse d'Etampes
ou Diane de Poitiers s'est assise dans cette chaière au long dossier
sculpté, peut-être Catherine de Médicis a caché ses terribles secrets
dans cette armoire dont les panneaux noircis par le temps offrent

des figures symboliques admirablement travaillées ; peut-être… mais qui ne sait jusqu'où peut aller l'imagination des hommes et surtout des artistes en présence des plus beaux produits des arts de l'époque des Valois !

Des esprits superficiels s'imaginent qu'avec de l'or tout individu peut former une collection archéologique remarquable ; ils se trompent assurément : l'or seul ne suffit pas pour accomplir une telle œuvre, elle est le fruit lent à mûrir d'un labeur intelligent. On commence presque toujours mal, il faut épurer sans cesse ; et pour ne pas confondre le faux avec le vrai, le beau avec le laid, l'ancien avec le moderne, il faut connaître à fond l'histoire des arts et celle des artistes de l'époque ou des époques dont on veut collectionner les produits manufacturés.

Il est des hommes heureusement doués, mais ils sont bien rares, qui semblent avoir vécu au XVIe siècle, tant ils reconnaissent aisément les objets ayant appartenu à ce même siècle. Parmi ces hommes privilégiés je citerai avec plaisir l'honorable antiquaire, M. Charles Sauvageot. Je ne me permettrai pas de lui donner ici des éloges, ils seraient sincères et bien mérités ; mais je ne ferais qu'exprimer faiblement la pensée de tout le monde. Je m'abstiens.

J'abandonne à la critique la partie littéraire et scientifique de ce livre, puisse-t-elle ne pas m'être trop défavorable ; quant à la partie artistique, celle qui concerne le dessin et la gravure, elle sera certainement très-remarquée : les dessinateurs ont reproduit avec une exactitude irréprochable et un talent d'exécution peu commun, tous les traits, tous les détails délicats des pièces d'horlogerie que je leur ai confiées pour cet objet. Les graveurs méritent aussi des éloges pour l'élégance et la pureté des reproductions burinées.

 AVANT-PROPOS.

Il ne me reste plus qu'à remercier le prince Soltykoff pour les témoignages d'estime et de confiance que j'ai reçus de lui dans cette circonstance comme dans plusieurs autres ; j'en suis profondément reconnaissant.

CHAPITRE PREMIER

HISTOIRE ABRÉGÉE DE LA MESURE DU TEMPS

Je ne dirai qu'un mot sur les cadrans solaires, les sabliers et les clepsydres; ceux des lecteurs qui voudraient avoir des notions plus étendues sur ces instruments, pourraient consulter mon *Histoire générale de l'horlogerie*, dans laquelle j'ai pu mettre à profit mes recherches sur la mesure du temps dans l'antiquité.

Les cadrans solaires sont aussi vieux que le monde, et leur usage subsistera probablement jusqu'à la fin des siècles, car ils ont l'avantage de donner l'heure vraie et de servir à la rectification des horloges mécaniques, qui toutes varient plus ou moins dans un intervalle de quelques mois. Les cadrans horizontaux se plaçaient, comme aujourd'hui, dans les jardins, sur des terrasses ou même dans des cours spacieuses ; on faisait aussi des horloges solaires verticales, c'est-à-dire qui étaient tracées verticalement sur une muraille solide et convenablement exposée. Bientôt ces petites horloges devinrent insuffisantes, car elles n'étaient accessibles qu'à ceux qui les faisaient construire; on fut dans la nécessité d'élever des gnomons ou méridiennes monumentales pouvant servir de régulateurs au peuple en général.

Des personnages de la plus haute distinction n'ont pas dédaigné d'ériger de tels monuments et d'y attacher leur nom. On voit encore à Rome les vestiges d'un magnifique obélisque qu'Auguste avait fait élever dans le Champ-de-Mars, et dont Manlius profita pour en faire un gnomon. Pline dit qu'il avait cent-seize pieds trois-quarts, et qu'il marquait les mouvements du soleil. *Ei qui est in Campo, divus Augustus addidit mirabilem usum ad deprehendendas solis umbras, dierumque ac noctium magnitudines*, etc.

(Lib. xxxvi, cap. 9, 10 et 11). Voyez aussi l'ouvrage de Bandini : *Dell'*
Obelisco di Cesare Augusto, etc., Rome, 1750, in-folio.

Ulug-Beg, prince tartare, petit-fils de Tamerlan, vers 1430, se servit à
Samarkand d'un gnomon aussi élevé que la voûte du temple de Sainte-
Sophie, à Constantinople, ou de cent quatre-vingts pieds romains. Paul
Toscanelli, en 1467, pratiqua, dans la fameuse coupole que Brunellesco a
faite à la cathédrale de Florence, un gnomon de deux cent soixante-dix-
sept pieds et demi de hauteur; c'est le plus grand qui existe. Le P. Ximénès
l'a rétabli, et en a donné une ample description : *Del vecchio e nuovo*
Gnomone Fiorentino, etc., in-4°.

En 1575 il y avait, dans l'église de Sainte-Pétronne, à Bologne, une
ligne tracée près d'un méridien par Ignazio Dante; elle déclinait de
9 degrés. D. Cassini, en 1653, saisit l'occasion heureuse qui se présenta
de changer l'ouvrage de Dante et de construire un gnomon parfait; on
travaillait alors à restaurer et augmenter le temple de Sainte-Pétronne.
Cassini, avec la permission du sénat de Bologne, traça, à l'endroit de
l'église qui lui parut le plus convenable, une véritable et magnifique méridienne. Perpendiculairement au-dessus de cette ligne, et à la hauteur de
mille pouces, ou cent vingt-cinq palmes bolonaises, qui font environ quatre-
vingt-trois pieds et demi de Paris, il plaça horizontalement une plaque de
bronze, solidement scellée dans la voûte et percée d'un trou circulaire qui
a précisément un pouce de diamètre; c'est par cette ouverture qu'entre le
rayon solaire qui forme tous les jours, à midi, sur la méridienne, l'image
elliptique du soleil. Cet important travail fut achevé en 1656, assez tôt
pour faire l'observation de l'équinoxe du printemps, à laquelle Cassini
invita les astronomes.

Lorsque après trente ans de séjour en France, ce savant mathématicien
retourna dans sa patrie, il ne manqua pas d'aller visiter son gnomon. Il
reconnut que le cercle de bronze qui lui sert de sommet était un peu sorti
de la ligne verticale où il devait être, et que le pavé sur lequel était placée
la méridienne s'était un peu affaissé. Cassini rétablit les choses dans leur
premier état; et Guglielmini fut chargé, pour l'instruction de la postérité,
de décrire les opérations (V. le livre intitulé : *la Meridiana di S. Petronio,*
revisita, etc.

La méridienne de la grande salle de l'Observatoire de Paris fut d'abord
exécutée par Picard, en 1669; Cassini le fils, qui ne fut pas moins célèbre
que son père, la refit en 1750. Elle fut ornée de marbres, sur lesquels on

grava des divisions et des figures pour chaque signe. (*Mém. de l'Acad.*, 1730.)

Lalande, dans son *Voyage en Italie*, dit que la méridienne des Chartreux de Rome, aux Thermes de Dioclétien, est la plus ornée que l'on connaisse. Elle a deux gnomons, l'un de 75 pieds de hauteur, l'autre de 62 ; cet ouvrage fut construit par Bianchini, en 1701.

La méridienne de Saint-Sulpice de Paris fut entreprise en 1727 par Sully, horloger, qui est inhumé vis-à-vis des portes du sanctuaire. M. Le Monnier l'a refaite avec autant de soin que de magnificence, en 1743. Le gnomon a 80 pieds de hauteur, il a un objectif de 80 pieds de foyer. M. de Césaris et M. Reggio ont fait, pour la cathédrale de Milan, une méridienne qui n'est pas moins belle que celle de Saint-Sulpice : le gnomon a 73 pieds de hauteur. (*Eph. de Milan*, 1788.)

La petite ville de Tonnerre, en Bourgogne, est la seule en France, et probablement en Europe, où il y ait une grande et belle méridienne avec la courbe du temps moyen. Elle est due à Beaudoin de Guémadeuc, ancien maître des requêtes, connu par différents mémoires sur les sciences positives. Ce savant avait choisi l'église de l'hôpital de Tonnerre pour y établir un gnomon. Plusieurs mathématiciens concoururent à l'exécution de ce monument. Ce furent l'avocat Daret, versé dans les calculs astronomiques, Camille Ferouillat, et enfin l'astronome Lalande, qui fit exprès le voyage de Tonnerre, pour se rendre compte de la possibilité de l'exécution. La courbe du temps moyen, qu'on a tracée autour de cette méridienne, est une partie importante que l'on devrait toujours employer ; car le temps moyen est le seul que puissent suivre les horloges et les montres. Depuis déjà longtemps, en Angleterre, à Genève et en France, on ne se sert de l'heure apparente que comme règle de proportion.

Le sablier est d'une origine fort ancienne. Les peuples de l'Asie en faisaient usage longtemps avant Jésus-Christ ; Winckelmann parle d'un bas-relief antique représentant les noces de Thétis et Pélée, dans lequel on voit Morphée tenant dans sa main gauche une horloge de sable ressemblant au sablier moderne. Cet instrument est trop connu pour que j'en donne ici la description. Je dirai seulement que sa marche a toujours été défectueuse. Cependant on s'en servit de préférence durant la longue période du moyen âge, notamment dans les monastères, et aujourd'hui, malgré l'extrême modicité du prix des montres et des pendules, le sablier est encore en usage dans nos campagnes et dans la plupart des contrées de l'Asie et de l'Afrique.

La clepsydre n'est pas d'une antiquité moins reculée : elle était connue chez les Égyptiens, dans la Judée, à Babylone, dans la Chaldée, dans la Phénicie, etc., et enfin chez les Grecs et les Latins bien avant l'ère chrétienne. Cet instrument, d'après la description qu'en donne Athénée, était, dans son origine, d'une extrême simplicité. Il consistait en un vase d'argile ou de métal, que l'on emplissait d'eau et que l'on suspendait dans une niche pratiquée pour cet objet. A l'extrémité inférieure du vase, était un tuyau étroit d'où le liquide s'échappait goutte à goutte et venait tomber dans un récipient sur lequel les heures étaient divisées. L'eau, en atteignant successivement chacune de ces divisions, marquait ainsi les différentes parties du jour et de la nuit. Cette machine était susceptible de perfectionnements, et ceux qu'elle reçut par les soins de Ctésibius d'Alexandrie, l'an 660 de Rome, en firent un instrument nouveau. Cet habile mécanicien ajouta à la clepsydre primitive un rouage qui, mû par la pesanteur de l'eau, marquait les heures, les jours, les mois, les signes du zodiaque, etc.

Plutarque, dans la *Vie de Dion*, cite une machine hydraulique comparable à celle de Ctésibius.

Cardan mentionne une pièce fort remarquable ayant appartenu à Sapor, roi de Perse. Elle était tout en cristal et assez spacieuse à l'intérieur pour qu'un homme pût s'y asseoir commodément. Le roi s'y installait souvent la nuit pour suivre le cours des astres.

La sphère d'Archimède fut encore un des instruments qui devaient être mus par l'eau ou le vent, sinon par des poids, des poulies et des ressorts élastiques. On ne sait rien de positif à cet égard. Cicéron et quelques autres auteurs disent que cette sphère imitait le cours du soleil, de la lune et des planètes connues à cette époque, c'est-à-dire vers l'an 620 de Rome.

Les contemporains d'Archimède étaient persuadés que sa sphère n'était pas animée par une force naturelle, mais bien par un esprit enfermé dans l'intérieur de la machine.

On conçoit que les instruments compliqués, du genre de ceux que nous venons de citer, ne pouvaient pas se propager dans les contrées de l'Asie ni dans celles de l'Europe; l'usage des clepsydres primitives prévalut partout.

César dit qu'il a vu par les horloges d'eau en usage en Angleterre que les nuits étaient plus longues dans ce pays que dans les Gaules.

Les jésuites français et espagnols qui nous ont donné des détails intéressants sur les mœurs et les usages des Chinois, nous font connaître que, longtemps avant l'incarnation du Christ, on se servait de la clepsydre pour diviser le jour et la nuit par heures dans toutes les parties de la Chine, au Japon et dans les îles circonvoisines.

Cicéron et d'autres écrivains de l'antiquité nous apprennent que le barreau d'Athènes, et plus tard celui de Rome, employaient la clepsydre pour mesurer le temps que l'on accordait aux plaidoyers des avocats. On versait trois parts d'eau égales dans le vase : une pour l'accusateur, l'autre pour l'accusé, la troisième pour le juge. Il y avait un homme préposé à la garde de la clepsydre : il était chargé d'avertir l'orateur aussitôt que sa portion d'eau était épuisée. On arrêtait l'écoulement de l'eau pendant la déposition des témoins, la lecture d'un décret, etc.; c'était la *aquam sustinere*. Lorsque, dans les cas extraordinaires, les juges doublaient le temps qui était accordé aux orateurs par la loi : c'était *clepsydras clepsydris addere*.

Platon, Quintilien, Pline, Cicéron, etc., font allusion, dans leurs ouvrages, à cette coutume bizarre et gênante. Platon déclare que, de son temps, les philosophes étaient bien plus heureux que les orateurs; ceux-ci, dit-il, sont esclaves d'une misérable clepsydre, tandis que ceux-là sont libres d'étendre leurs discours autant qu'ils le veulent. Ajoutons qu'on finit par imaginer toutes sortes de ruses pour accélérer ou retarder l'écoulement de l'eau, soit en employant des eaux plus ou moins pures, soit en détachant ou en ajoutant de la cire à la capacité du verre. Enfin la corruption, surtout à Rome, ne connut plus de bornes, les injustices se multiplièrent, et il arriva que Cicéron ne put obtenir qu'une demi-heure pour la défense de Rabirius, tandis que les accusateurs de Milon eurent deux heures pour l'attaquer.

Les clepsydres, à Rome, n'étaient pas exclusivement réservées au barreau. On en faisait largement usage dans les appartements particuliers, comme dans les bâtiments publics, les temples, les théâtres, etc. On les consultait aussi fréquemment que nous consultons aujourd'hui nos montres, nos pendules et nos horloges monumentales. Dans toutes les ruines de Rome, de Naples, dans les fouilles que l'on a faites à Pompeï, à Herculanum, on a trouvé des fragments de clepsydres de diverses dimensions, mais il n'existe aucune trace d'aiguilles ou de rouages dans ces fragments. Il est donc probable que la clepsydre primitive, décrite par Athénée, était seule en usage à Rome sous le règne d'Auguste et plus tard.

Cependant l'invention du grand mathématicien Ctésibius ne fut pas perdue pour le monde ; elle resta comme jalon sur la route de la science, et les savants la retrouvèrent après bien des siècles, pendant lesquels des villes magnifiques s'étaient écroulées, en ne laissant après elles que le souvenir de leur grandeur passée.

Ainsi donc après plusieurs siècles d'oubli les machines compliquées de Ctésibius, reparurent en Asie, dans Rome chrétienne et même dans les murs de Lutèce, régénérée et sanctifiée par la religion du Christ. C'était de Damas, de Bagdad, d'Alexandrie, de Constantinople, et de plusieurs autres villes de l'Orient que les peuples du nord et de l'occident faisaient venir les objets d'art et de luxe dont il faisaient usage.

Les Gaules après avoir été ravagées par des invasions, réparaient leurs ruines sous le règne moins agité de Chilpéric.

A cette époque, quelques savants tels que Proclus, Boëce, Cassiodore, etc., firent de louables efforts pour ranimer le foyer des sciences et des arts, et à l'aide de leurs écrits, dont quelques-uns sont venus jusqu'à nous, ils firent connaître aux peuples de l'Europe les chefs-d'œuvre de l'antiquité.

Boëce exécuta une clepsydre qui rappelait celles qui ont été décrites dans le neuvième livre de l'*Architecture* de Vitruve.

Cassiodore inventa une horloge à eau compliquée de plusieurs rouages servant à l'indication des heures, des jours et des mois : on sait que ce savant, qui fut secrétaire de Théodoric, se retira sur ses vieux jours, dans un couvent de la Calabre où il s'amusait à construire des cadrans solaires, des clepsydres de plusieurs sortes, et des lampes perpétuelles.

L'histoire ne nous dit pas de quelle nature étaient ces lampes, mais il est probable qu'il entrait dans leur construction des roues et des ressorts mis en mouvement par une force hydraulique.

Sous Pepin le Bref les sciences firent de notables progrès : dans le silence des cloîtres les moines se livraient à de sérieuses études ; les académies d'Autun, de Toulouse, de Poitiers, de Bordeaux et de Paris, s'encombraient d'étudiants de toutes qualités. Le roi lui-même protégeait les arts, et sa bibliothèque était déjà nombreuse, comme on le voit par l'inventaire qui fut fait de son mobilier après sa mort. Paul Ier occupait alors le trône pontifical et il savait récompenser dignement, les artistes d'élite et les savants ; il envoya au roi de France une horloge aussi parfaite que celles de Boëce et de Cassiodore.

Au VIIIe siècle la clepsydre avait reçu, dans l'empire chinois de notables perfectionnements. V. Hang, astronome, avait construit une horloge dont les rouages étaient mus par l'eau. Elle représentait le mouvement propre et le mouvement commun du soleil, de la lune et des cinq planètes ; les conjonctions, les oppositions, les éclipses solaires et lunaires, les occultations des étoiles, etc. Deux styles ou aiguilles marquaient jour et nuit le *ké* (la centième partie du jour). A chaque fois que l'une des aiguilles était sur cette division, on voyait paraître une petite statue de bois, qui donnait un coup de marteau sur un timbre, puis soudain elle disparaissait ; quand la seconde aiguille était sur l'heure, une autre statue venait remplir l'office de la première. (*V. Histoire de l'astronomie moderne, tome 1er.*)

On sait qu'au commencement du ix⁰ siècle, Aroun al Radschid envoya à Charlemagne des présents d'un grand prix parmi lesquels était une clepsydre à rouages qui passa pour une merveille : elle était en airain damasquiné d'or ; elle marquait les heures sur un cadran ; et, au moment où chacune d'elles venait à s'accomplir, un nombre égal de petites boules de fer tombant sur un timbre le faisaient tinter autant de fois qu'il y avait d'heures marquées par l'aiguille. Alors douze fenêtres s'ouvraient et l'on en voyait sortir un nombre égal de cavaliers, armés de pied en cap, qui, après diverses évolutions rentraient dans l'intérieur de la machine et les fenêtres se refermaient.

Peu de temps après l'apparition en France de l'horloge du kalife des Abbassides, Passificus, archevêque de Vérone en acheva une bien supérieure à celles de ses devanciers : elle marquait, outre les heures, le quantième du mois, les jours de la semaine, les phases de la lune, etc., mais ce n'était encore qu'une clepsydre perfectionnée et bien exécutée ; il lui manquait le poids moteur et l'échappement. Ces deux inventions furent faites vers la fin du x⁰ siècle ; et de là, seulement, date le véritable art de l'horlogerie.

CHAPITRE II

L'horloge la plus commune, à l'aide de sa cloche suspendue au faîte d'un édifice, ne cesse d'adresser la parole au peuple.

Elle veille la nuit comme le jour, elle réitère dans des espaces de temps égaux, les avertissements dont profitent les hommes. On la consulte pour ouvrir ou fermer les portes des villes, pour convoquer les assemblées; elle annonce successivement le moment de la prière, celui du travail ou du repos; elle est, en un mot, la règle invariable qui gouverne la société. Ces secours que nous recevons de l'art de mesurer le temps ne sont ignorés de personne; mais ce qu'on ne sait pas généralement, c'est que cet art est l'auxiliaire obligé de presque toutes les sciences positives qui sans lui seraient demeurées stationnaires.

Depuis le siècle dernier on a multiplié les horloges de telle sorte, qu'il est peu de villages en Europe qui n'en possèdent au moins une; chaque jour on en crée de nouvelles qui peuvent être remarquables au point de vue de l'art; mais le peuple ne s'en préoccupe nullement : il les considère comme tous ces monuments vulgaires que le génie industriel érige dans nos murs, et dont l'utilité n'est pas toujours réelle.

Au moyen âge, l'érection d'une horloge dans une ville était un événement mémorable, et d'autant plus grand que les mécaniciens qui exécutaient ces horloges les ornaient d'automates propres à frapper l'imagination du peuple. Parfois c'étaient les Mages qui, à chaque heure, venaient se prosterner devant la Vierge et l'Enfant divin; ou bien c'étaient Jacquemart et sa femme, qui, grotesquement accoutrés, et armés l'un et l'autre d'un marteau, frappaient les heures sur la cloche. Toutes ces merveilles impressionnaient les esprits; et lorsque dans le silence de la nuit, l'horloge du haut du clocher de l'église ou de la tour du monastère, faisait entendre sa voix métallique, les femmes et les enfants tressaillaient d'effroi : il leur semblait qu'une puissance surnaturelle présidait aux mouvements qui s'accomplissaient dans la machine aux rouages d'airain. (*Voy.* mon travail sur l'horlogerie, dans le *Moyen Age et la Renaissance.*)

Le VIIIe siècle avait vu progresser les arts, le commerce et l'industrie : Charlemagne, dans sa magnifique cour d'Aix-la-Chapelle, entouré de ses valeureux chevaliers, se reposait le front ceint de la couronne impériale qu'il avait méritée par sa sagesse et ses succès dans les combats. Les artistes et les savants des nations circonvoisines se rassemblaient autour de lui, et augmentaient par leurs travaux sa puissance morale et sa gloire. On voyait s'élever, sur divers points de son vaste empire, de splendides monuments dans lesquels l'art antique se mêlait non sans grâce avec l'art byzantin.

Cette première renaissance des arts en Europe se prolongea jusqu'au Xe siècle. Là, le règne des Carlovingiens finit et celui des Capétiens commence. Le chef de cette nouvelle dynastie veut aussi comme Charlemagne dissiper les ténèbres de la barbarie qui enveloppaient encore le Nord et l'Occident; mais s'il réussit en partie ce fut grâce au foyer intellectuel que les Arabes de la péninsule ibérique entretenaient à Cordoue, à Grenade, à Barcelone, et qui, de ces capitales alors si florissantes, répandait au loin ses clartés éblouissantes et régénératrices.

Ces vives lueurs de la science et des beaux-arts pénétraient surtout dans les couvents, qui, à leur tour, devenaient autant de foyers d'où s'échappait la lumière.

La géométrie, l'astronomie, l'algèbre, la physique, la mécanique, la poésie, la musique, etc., étaient enseignées dans ces couvents. Les religieux qui se faisaient le plus remarquer à cette époque par leurs profondes connaissances étaient l'archevêque de Reims, Adalbéron, le moine Gerbert, Notger, Eccard, Echert, Adson, Constantin, évêques, abbés ou simples moines. Ce furent ces hommes qui mirent en honneur les sciences exactes, qui cherchèrent à étendre les applications de la mécanique, et ce fut enfin l'un d'eux, le moine Gerbert, qui trouva cette solution vainement cherchée jusqu'alors, des machines horaires marchant sans le secours d'une force hydraulique. Dès ce moment, la mesure du temps fut soumise à des lois rationnelles : l'*échap-*

pement régla le rouage, et la pesanteur lui donna le mouvement. (V. note 1re.)

Cependant la science progressait toujours dans les monastères : deux siècles ne s'étaient pas encore écoulés que déjà les horloges fonctionnaient dans les tours massives des cathédrales, des abbayes et des châteaux, notamment en Allemagne et dans les Flandres.

Jusque-là les horloges n'étaient pas munies du rouage auxiliaire de la *sonnerie*. Le besoin de ce rouage se faisait particulièrement sentir dans les couvents où les religieux étaient obligés de veiller à tour de rôle pour avertir les moines des devoirs religieux qu'ils avaient à remplir pendant la nuit.

L'histoire ne nous dit pas quel fut l'inventeur de ce mécanisme, mais il est certain qu'il fut adapté aux horloges sous le règne de Philippe Auguste, car il en est fait mention dans les *Usages de l'ordre de Cîteaux*, compilés vers 1120, livre où il est prescrit au sacristain de régler l'horloge de manière qu'elle sonne et l'éveille avant les matines. Dans un autre chapitre du même livre, il est ordonné aux moines de prolonger la lecture jusqu'à ce que l'horloge sonne. (Voy. *dom Calmet, Commentaire littéral sur la règle de saint Benoît*, t. 1er, p. 279-280.)

Huet, dans son origine de Caen, dit qu'en 1314 on voyait sur le pont de la ville une horloge sur le timbre de laquelle était gravée cette inscription :

> Puisque la ville me loge
> Sur ce pont pour servir d'orloge,
> Je ferai les heures ouïr
> Pour le commun peuple rejouir.

Cette horloge sonnante fut faite par Beaumont, horloger de Caen.

Nous voici au xiiie siècle. Saluons l'architecture byzantine qui s'en va, mais saluons aussi l'architecture gothique qui lui succède.

Née sous le ciel de l'Orient, elle vint en France à la suite des Croisades. Là elle se fait chrétienne, et drapée dans sa robe de pierre, elle élève ses clochetons aigus, ses élégantes et longues ogives, ses hardis arceaux, ses tourelles mignonnes bien au-dessus des édifices romans ou byzantins. Bientôt, passant en Allemagne, en Suède, en Hongrie, en Suisse, en Flandre, etc., elle séjourne à Cologne, à Coblentz, à Strasbourg, à Upsal, à Bude, et dans plusieurs villes de l'Europe, où elle fait comme en France l'admiration des hommes de goût.

Ce fut sous Philippe-Auguste que les peintres verriers, remplaçant les mosaïstes, couvraient les vitraux des cathédrales, des abbayes, des châteaux, des palais princiers, de magnifiques tableaux transparents représentant les scènes les plus émouvantes de l'épopée biblique, la vie du Christ, de la Vierge et des saints; les portraits des rois, des reines, des grands guerriers, etc. Ce fut aussi à cette époque que la sculpture, la statuaire, la ciselure, l'art céramique, la peinture murale et sur panneau, la toreutique, l'orfévrerie, etc., se dégageaient des langes du berceau, pour revêtir la robe virile.

Le règne de Philippe-Auguste marque donc une nouvelle renaissance. Sous ce règne et les suivants l'horlogerie ne reste pas stationnaire. Les horloges recevaient de notables perfectionnements sur divers points de l'Europe occidentale.

Ces machines avaient alors leur petite maison particulière où elles étaient assises confortablement et à l'abri de l'humidité et de la poussière. Wilart de Hénécot donne, dans son curieux album, le dessin d'une tour d'horloge. Il l'intitule ainsi : *Ki velt faire la maizon d'une ierloge, vesent-ci une que je vis une fois.* (Voy. le *Glossaire et Répertoire* de M. Alexandre de La Borde, p. 414.)

En 1324, Wallingfort, bénédictin anglais, construisit, pour le couvent de Saint-Alban dont il était abbé, une horloge mécanique du plus haut prix. Elle était à sonnerie; elle marquait, outre les heures, le quantième du mois, les jours de la semaine, le cours des planètes, les heures des marées, etc. Quelques années plus tard, en 1344, Jacques de Dondis, citoyen de Padoue, composa une horloge qui, exécutée par un excellent ouvrier nommé Antoine, et placée au sommet de la tour du Palais de la ville fut longtemps l'objet de l'admiration des savants. Pour donner une idée de cette merveilleuse machine, il sufûra de reproduire ici ce que Philippe de Maisières, qui vivait à l'époque de Jacques de Dondis, en a dit dans un des premiers écrits où il soit question de l'horlogerie ancienne; cet ouvrage intitulé le *Songe du vieil Pèlerin*, est encore inédit, et par conséquent peu connu; nous lui empruntons textuellement cet écrit, quoi qu'il ait déjà trouvé sa place dans *le Moyen Age et la Renaissance*, et même dans notre histoire de l'horlogerie ancienne et moderne.

« Il est à savoir que, en Italie, il y a aujourd'hui ung homme en théologie, en philosophie, en médecine et en astronomie, en son degré singulier et solempnel, par commune renommée, excellent ès dessus trois sciences de la cité de Pade. Son surnom est perdu : et est appelé maistre Jehan des Orloges, lequel demeure à présent avec le comte de Vertus, duquel pour science trebbe (triple) il a chacun an, des gaiges et de bienfaits deux mille flourins ou environ. Cettuy maistre Jehan des Orloges a fait, de son temps, grandes œuvres ès trois sciences, dessus touchiées, qui par les clercs d'Italie, d'Allemagne et de Hongrie, sont autorisées et en grant réputation ; entre lesquelles œuvres il a fait un instrument, par aucuns appelé sphère, ou orloge du mouvement du ciel : auquel instrument sont tous les mouvements des signes et des planettes avec leurs cercles et épicycles et differences par multiplications, roes sans nombre avec toutes leurs parties, et chacune planette en la dite sphère particulièrement. Par telle nuit, on voit clairement en quel signe et degré les planettes sont et estoiles du ciel : et est faite si soubtilement cette sphère, que, nonobstant la multitude des roes qui ne se pourraient nombrer bonnement sans défaire l'instrument, tout le mouvement d'icelle est gouverné par un tout seul contrepoids, qui est si grant merveille, que les solempnels astronomiens de lointaines régions viennent visiter en grant révérence le dit maître Jehan et l'œuvre de ses mains; et dient tous les grans clercs d'astronomie, de philosophie et de médecine, qu'il n'est mémoire d'homme par écrit ne autrement, que, en ce monde, ait fait soubtil ne si solempnel instrument du mouvement du ciel, comme l'orloge dessus dite ; l'entendement soubtil du dit maistre Jehan, il, de ses propres mains, forgea ladite orloge toute de laiton et de cuivre, sans aide d'aucune autre personne, et ne fit autre chose en seize ans tout entiers, comme de a esté informé l'écrivain de cettuy livre, qui a eu grande amitié au dit maître Jehan. »

L'horloge de Jacques de Dondis excita partout l'émulation. Un grand nombre de personnages distingués voulurent en avoir de pareilles, et des ouvriers de la France et de l'étranger en fabriquèrent pour plusieurs châteaux, églises et monastères. Parmi les horloges qui furent faites au xive siècle, nous citerons d'abord celle de la cathédrale de Dijon, que Philippe le Hardi enleva à la ville de Courtrai après la bataille de Rosebecq.

« Le duc de Bourgogne, dit Froissart, fit oter des halles ung orloge qui sonnait les heures, un des plus beaux qu'on sçut trouver delà ne deçà la mer; et celui orloge mettre tout par membres et par pièces sur chars, et la cloche aussi. Lequel orloge fut amené et charroyé en la ville de Dijon en Bourgogne, et fut là remis et assis, et y sonne les heures vingt-quatre entre jour et nuit. »

Le grand historien du xive siècle s'est plu à donner, dans une pièce de vers remarquable, la description d'une horloge de son époque.

Cet écrit, dont nous donnons les principaux passages, est intitulé :

L'HORLOGE AMOUREUSE

. . . . . L'Orloge est, au vray considérer,
Un instrument très bel et très notable,
Et s'est aussy plaisant et pourfitable,
Car nuict et iour les heures nous aprent
Par la soubtilité qu'elle comprent
En l'absence méisme dou soleil :
Dont on doit mieuls prisier son appareil,
Ce que les autre instruments ne font pas,
Tant soïent faits par art et par compas :
Dont celi tiens pour vaillant et pour sage
Qui en treuva primièrement l'usage,
Quant par son sens il commença et fit
Chose si noble et de si grant proufit.....

Or, vœil parler de l'estat de l'Orloge :
La premeraine roe (*roue*) qui y loge,
Celle est la mere et li commencemens
Qui faict mouvoir les aultres mouvemens
Dont l'Orloge a ordenance et maniere :
Pour ce poet (*peut*) bien ceste roe premiere
Signifier très convignablement
Le vray Desir qui le coer d'omme esprent.....

Le plomk (*le poids*) trop bien à la Beauté s'accorde.
Plaisance s'est montrée par la corde
Si proprement, qu'on ne poroit mieulz dire ;
Car tout ensi que le contrepois tire
La corde à lui, et la corde tirée,
Quant la corde est bien à droit atirée,
Retire à luy et le fait esmouvoir,
Qui aultrement ne se poroit mouvoir :
Ensi Beauté tire à soy et esveille
La Plaisance dou coer.....

Après, affiert à parler dou dyal (*mouvement diurne* ,
Et ce dyal est la roe iournal
Qui, en ung iour naturel seulement,
Se moet (*se meut*) et fait un tour precisement :
Ensi que le soleil fait un seul tour
Entour la terre en un naturel jour.
En ce dyal, dont grans est li mérites,
Sont les heures xxiiii descrites :

Pour ce porte-t-il xxiiii brochettes (*les chevilles de la roue qui lèvent
    la détente du marteau des heures*)
Qui font sonner les petites clochettes,
Car elles font la destente destendre,
Qui la roe chantore fait estendre
Et li mouvoir très ordonnéement,
Pour les heures monstrer plus clerement.

Après, affiert dire quel chose il loge
En la tierce partie de l'Orloge :
C'est le derrain (*dernier*) mouvement qui ordonne
La sonnerie, ainsi qu'elle sonne.
Or, fault savoir comment elle se fait.
Par deux roes ceste œuvre se parfaict :
Si porte o li (*avec elle*), ceste première roe,
Un contrepois par quoy elle se roe (*elle se meut*)
Et qui le fait mouvoir, selonc m'entente,
Lorsque levée est à point la destente,
Et la seconde est la roe chantore (*roue de la sonnerie*).
Ceste a une ordenance très notore (*notable*)
Que d'atouchier les clochettes petites,
Dont nuict et iour les heures dessusdites
Sont sonnées, soit estés soit yvers,
Ensi qu'il apertient, par chants divers.....

Et pour ce que li Orloge ne poet
Aller de soy, ne noient ne se moet,
Se il n'a qui le garde et qui en songne (*qui en prend soin*),
Pour ce il fault à sa propre besongne,
Ung orlogier avoir, qui tart et tempre (*à propos*)
Diligemment l'administre et attempre,
Les plons (*les poids*) relieve et met à leur debvoir,
Et si les fait rieulement (*par ordre*) mouvoir.....

Encore poet moult, selonc m'entente,
Li orlogiers, quant il en a loisir,
Toutes les fois qu'il li vient à plaisir,
Faire sonner les clochettes petites
Sans derieuler (*dérégler*) les heures des susdites.....
      (Voy. le *Journal des Savants,* ann. 1783, in-4°.)

M. Alexandre de Laborde, dans sa savante notice des émaux du Louvre,
cite plusieurs horloges des xive et xve siècles que nous reproduisons par
ordre de date.

1365. — Philippe, Sirasse, Buchier, pour avoir fait de bois d'Islande un étui pour hebergier l'orloge de M. le Dauphin, qui sonne les heures au Louvre. (Comptes des batiments royaux.)

1377. — Charles, duc de Bourgogne. Nous vous mandons que la somme de cent francs d'or vous allouez, à notre amé horlogeier, Pierre de Beate, en rabat et déduction de la somme de deux cens frans d'or qu'il doit avoir de nous pour la façon d'une oreloge que nous lui faisons faire pour notre hostel de Beauté. (Comptes des ducs de Bourgogne.)

1377. — Charles. VI^{xx} frans d'or pour paier un orloge portative que nous avons acheté de maistre Pierre de Saincte Béate, notre orlogeur. Item, lxv d'or pour paier un timbre que nous avons acheté à Jehan Jouvence, pour faire un orloge en notre hostel de Beauté sur Marne. 24 novembre.

1379. — Le premier jour de janvier fû marchandé à Pierre Daimleville, faiseur d'oreloges, demorant à Lille, pour faire un oreloge, etc. (Voyez tout le marché dans la page suivante.

1380. — Un grand oréloge de mer de deux grandes fioles pleines de sablon.

A l'oratoire, un oreloge en façon d'un timbre que donna Monseigneur de Berry au Roy.

Un reloge d'argent tout entièrement, sans fer, qui fut du roy Philippe le Bel, avec deux contre-poids d'argent emplis de plon.

Un reloge d'argent blanc, qui se met sur un pilier, qui s'appelle *orlogium æthas*, pesant iii marcs iii onces v est.

Dépense pour le reloige. Pour appareiller le dit reloige et faire tourner tout par la manière qu'il vouloit. Pour repeindre le dit reloige et reffaire les imaiges des heures, rescrire les noms des mois et reparer l'imaige des signes et de celluy qui fit premier le dit reloige. (Comptes de l'église de Troys.)

1407. — A Jehan d'Alemaige, serrurier, pour un mouvement, ou petit orloge, acheté de lui pour mettre en la chambre de Madame. (Inventaire des *Ducs de Bourgogne*.)

1417. — A Hue de Boulongne, paintre et gouverneur de l'orloge, gayoles, verrières et engins des batements du chastel de Hesdin, trente livres. (*Ducs de Bourgogne*.)

1420. — Ung petit reloge carré, doré par dehors et son zodiaque blanc émaillé à un timbre dessus pour sonner heures. (*Ducs de Bourgogne*.)

Baldetus de Coulomby, horologiator, Parisis commemorans, pro taxatione sibi facta, per dominum regem, pro vadiis suis et custodie et regiminis horologii castri de Lupera. (Comptes royaux, *Ducs de Bourgogne*.)

1421. — A Colin d'Aubespierre, garde de l'orloge de Monseigneur. (*Ducs de Bourgogne*.)

1435. — A Pierret Lombard, sur plusieurs orloges, cadrans et autres choses de son mestier et science. (*Ducs de Bourgogne*.)

1437. — A Hue de Boulongne, varlet de chambre et paintre, à cause du dit office de paindre et de gouverrner l'orloge du chastel de Hesdin. (*Ducs de Bourgogne*.)

1443. — Louis Carel, maistre faiseur de mouvemens d'orloiges. (*Ducs de Bourgogne*.)

1470. — Ung orloige d'or, garny de plusieurs personnaiges et sur le piet garny de 12 rubis — et dessus l'omme qui montre les heures, — pesant, parmi ung plonc qui est dedans, viii marcs, prisé a iiᶜ iiii^{xx} xii livres. (*Ducs de Bourgogne*.)

1529. — A Jullien Couldroy, orlogeur du dit seigneur, xlix livres, iv sols tournois, pour son payement de deux monstres d'orloges sans contre-pois, livrées au dit seigneur (le Roy). (Comptes royaux.)

1560. — Ung orloge en piramide, assis sur ung rocher, garny d'argent doré, émaillé et enrichy de plusieurs pierres, — le dit orloge à rocher assis sur troys petits monstres, — cl. (Inventaire du chasteau de Fontainebleau.)

1599. — Une monstre d'or, fort belle, avec une quantité de diamans, une perle au bout estant en poire, prisée 700 écus. (Inventaire de Gabrielle d'Estrée.)

(Extrait textuellement de la Notice des Émaux du Louvre, etc., etc.,
par M. de Laborde, membre de l'Institut.)

Nous ajouterons à cette nomenclature quelques autres pièces des mêmes époques. La quittance suivante est extraite des livres ou archives de la ville de Lille; elle porte la date de 1379.

« L'an mil iiie lxxix, le premier jour de janvier, fut marchandé à *Pierre Daimleville*, faiseur d'oreloges demeurant à L'ille, pour faire une oreloge pour ma très redoutée dame, madame la comtesse de Bar, dame de Cassel, et icelle mectre et asseoir en son chastel de Nieppe, pesant icelle toute ouvrée iiie i livre de fer, lequel fer yl doit lui pour faire l'ouvrage dessus dit; et en cas où il li semblerait que icelluy ouvrage ne serait mie asséz fort et il y meist plus de fer en lui, toutes voies où il apartendroit avoir plus fort ouvrage, et qu'il fut bien employé, ma dicte dame paira tout le fer qui sera au dit ouvrage au pardessus des iiie i de fer, et pour celui ouvrage faire bien loyaulment au dit et regard d'ouvriers et gens connoissans et experts en tel ouvrage, le dit Pierre ara et emportera la somme de xi francs d'or ou moien à levalue; c'est assavoir xxxviii gros de Flandres pour le franc, tant pour l'ouvrage du dit oreloge, comme pour les iiie i, madicte dame ly fera rendre et payer le sourplus du pois, comme dit est. Item mectera et assera le dit Pierre icelle oréloge ou clochier où l'autre oreloge est à présent, et tout comme il mectera de temps à l'asseoir, il aura ses dépens à l'ossel madicte dame sans autres gages. — Item se aucun défaut avoir audit oreloge, et qu'il ne fust mie soit en la fourme et manière qu'il appartient, il serait tenu de y amender à ses propres coûts, frais et dépends, au dit de bons ouvriers expers et congnaissans un tel ouvrage. — Item il doit être baillé et délivré par Cassard Molinet, pour et au nom de madicte dame, toute manières de bois carpenté et ouvré, et icellui asseoir et mectre où il ordonnera être mis pour asseoir et mectre le dit oreloge. — Item, doit avoir et aura ledit Pierre pour gouverner cescun an ledit oreloge, une cote des draps des officiers, toutefois que madame fera sa livrée et sera aux despens de madicte dame toutes les fois qu'il venra visiter ledit oreloge et qu'il y faudra aucune chose, et y doit venir toutefois que on le mandera ; lequel ouvrage ledit Pierre doit rendre tout fait et assis audit clochier dedans le jour de Pacques prochain venant, toutes lesquelles choses ont été faites et ordonnées par Colard Levesque et Jehan de Chastillon, clercs et secrétaires et madicte dame.

Un peu plus tard, en 1427, le duc de Bourgogne paye 1,000 livres à Henry Zwalis, docteur en médecine pour recompensation d'un orloige qu'il a fait pour le duc, contenant le mouvement des planettes, des signes et des étoiles. » (Ces deux pièces sont extraites des *Registres de la ville de Dijon par M. le comte Alex. de Laborde.*)

L'Europe seule n'eut pas le monopole de la fabrication des horloges pendant les siècles qui précédèrent la Renaissance. Les peuples de l'Orient, à ces mêmes époques, étaient aussi très-habiles dans l'art de construire des instruments propres à mesurer le temps.

M. l'abbé Bargès, professeur d'hébreu à la Sorbonne, savant orientaliste, vient de publier une curieuse histoire des souverains de Tlemcen (in-12), dans laquelle il donne une description pleine d'intérêt d'une horloge arabe du quatrième siècle (1358).

Après avoir parlé de la magnificence du palais d'Abou-Hammou, sultan de Tlemcen, M. l'abbé Bargès ajoute ceci :

« . . . . Ce qui excitait surtout l'admiration des spectateurs, c'était la merveilleuse horloge qui décorait le palais du roi. Cette pièce de mécanique était ornée de plusieurs figures d'argent d'un travail très-ingénieux et d'une structure solide.

« Au-dessus de la caisse s'élevait un buisson, et sur ce buisson était perché un oiseau qui couvrait ses deux petits de ses ailes. Un serpent qui sortait de son repaire, situé au pied même de l'arbuste, grimpait doucement vers les deux petits, qu'il voulait surprendre et dévorer. Sur la partie antérieure de l'horloge étaient dix portes, autant que l'on compte d'heures dans la nuit, et à chaque heure une de ces portes tremblait en frémissant ; deux portes plus hautes et plus larges que les autres occupaient les extrémités latérales de la pièce. Au-dessus de toutes ces portes et près de la corniche, l'on voyait le globe de la lune qui tournait dans le sens de la ligne équatoriale, et représentait exactement la marche que cet astre suivait alors dans la sphère céleste. Au commencement de chaque heure, au moment où la porte qui la marquait faisait entendre son frémissement, deux aigles sortaient tout à coup du fond des deux grandes portes, et venaient s'abattre sur un bassin de cuivre, dans lequel ils laissaient tomber un poids également de cuivre, qu'ils tenaient dans leur bouche. Ce poids, entrant dans une cavité qui était pratiquée dans le milieu du bassin, roulait dans l'intérieur de l'horloge. Alors le serpent, qui était parvenu au haut du buisson, poussait un sifflement aigu et mordait l'un des petits oiseaux, malgré les cris redoublés du père, qui cherchait à les défendre. Dans ce moment, la porte qui marquait l'heure présente, s'ouvrant toute seule, il paraissait une jeune esclave, douée d'une beauté sans pareille, portant une ceinture en soie rayée. Dans sa main droite, elle présentait un cahier ouvert où le nom de l'heure se lisait dans une petite pièce écrite en vers ; elle tenait la main gauche appliquée sur sa bouche, comme quand on salue un khalife. »

L'horloge s'appelait en arabe *la Menganah.* Elle parut pour la première fois à la fête du Mauled, l'an 760 de l'hégyre, qui correspond à l'année 1358-9 de notre ère.

Cette machine merveilleuse avait pour auteur un fameux alfakih de Tlemcen, nommé Abou'l-Hassan Ali ben Ahmed.

On sait que ce fut vers la fin du xivᵉ siècle que l'on commença à orner les horloges d'automates de fer qui par un moyen mécanique frappaient les heures sur la cloche des horloges monumentales. Ces automates prirent d'abord dans les Flandres le nom de Jacquemart, lequel fut donné par la suite à tous les automates sonnant les heures. Ceux qui ont été dès l'origine adaptés à l'horloge de Dijon ont fourni l'occasion à divers historiens de disserter sur la formation et signification de ce mot *Jacquemart.* Ménage croit qu'il vient du mot latin *Jaccomarchiadus* (Jacque de maille, habillement de guerre). On sait qu'au moyen-âge on avait l'habitude de placer, au sommet des tours ou des clochers, des hommes chargés de veiller au repos public ; pour avertir de l'approche de l'ennemi, des incendies, des vols, des meurtres, etc. Plus tard une meilleure organisation de la police permit de supprimer ces sentinelles nocturnes ; peut-être a-t-on voulu en conserver le souvenir en fabricant des hommes en fer qui sonnaient les heures. D'autres écrivains cherchent à prouver que le mot *Jacquemart,* vient du nom de Jacques Marck, qui vivait au xivᵉ siècle, et qui serait, suivant eux, l'inventeur de ces sortes d'horloges.

Le savant Gabriel Peignot, auteur d'une dissertation sur le Jacquemart de Dijon, est d'un avis contraire. Il établit qu'en 1422, un nommé Jacquemart, horlogeur et serrurier demeurant dans la ville de Lille, travaillait pour le duc de Bourgogne, et qu'il reçut 22 livres pour les *besognes* qu'il avait faites à l'horloge de Dijon. De ce document authentique, M. Peignot tire l'induction suivante : « Ce Jacquemart de Lille ne serait-il pas le fils ou le petit-fils de celui qui aurait fait l'horloge de Courtrai, transportée à Dijon en 1380? Le peu de distance de Lille à Courtrai le donnerait à penser. Alors il serait présumable que le nom de notre Jacquemart proviendrait de celui de son fabricateur, le vieux Jacquemart de Lille. » (voy. note 2.)

Toutes ces inductions sont plus ou moins concluantes ; mais ce ne sont au total que des inductions, et aucune d'elles ne prouve d'une manière précise l'origine du mot *Jacquemart*. Quant à moi je me garderai bien de prendre parti dans ce grave différend; je dirai seulement qu'à la fin du xive siècle et au commencent du xve, plusieurs églises, en Allemagne, en Flandre, en Italie, en Angleterre, en France et ailleurs, avaient déjà des Jacquemarts.

Nous n'avons pas fini le catalogue des horloges qui furent érigées en Europe dans le cours des deux siècles qui précédèrent la Renaissance. Celle du Palais de Justice de Paris est une des plus intéressantes.

Charles V, qui mérita le nom de Sage, ne négligeait rien pour être utile aux habitants de sa bonne ville de Paris, et il eut la pensée de faire construire une horloge qui, placée dans la tour de son palais de la cité, ferait connaître à ses sujets, les heures du jour et de la nuit. Cette pensée reçut bientôt son exécution ; mais Paris ne renfermant alors aucun ouvrier capable d'entreprendre un tel travail, le roi le confia à un horloger vurtembergeois nommé Henry De Vic, qui s'en acquitta à la satisfaction générale.

L'artiste allemand, disent les mémoires du temps, eut son logement dans la tour même où il devait asseoir l'horloge, et le roi lui ayant accordé *six sous parisis* par jour pour ses honoraires, il les toucha pendant huit ans consécutifs, temps qu'il lui fallut pour exécuter son ouvrage.

Jean Jouvance fut chargé de couler la cloche sur laquelle le marteau de l'horloge devait sonner les heures; ce fut cette cloche qui, deux siècles plus tard devait donner le signal de la Saint-Barthélemy, elle fut assise avec beaucoup de succès, dans la partie supérieure de la tour du palais.

Nous ne dirons que peu de mots sur les restaurations successives qui furent faites au cadran de l'horloge de Henri de Vic. Les plus importantes eurent lieu sous Charles IX et Henri III. Charles IX fit entourer ce cadran de peintures à fresques, et d'une ornementation du meilleur goût. Germain

Pilon exécuta deux figures en terre cuite, dont l'une la Force, s'appuyant sur un faisceau, et de l'autre tenant les tables de la loi, fut placée au côté gauche du cadran ; et l'autre, la Justice, tenant dans la main gauche la balance, et dans la main droite un glaive, prit place sur le côté opposé de ce même cadran.

Henri III augmenta encore ces riches décorations ; et Germain Pilon, qui en dirigeait les travaux, acheva le monument en l'anné 1585. Voici la description qu'en donne l'historien Rabel (folio 118).

« L'an 1585, sur la fin du mois de novembre, fut achevé l'ouvrage du quadran du palais, lequel, avec sa décoration est estimé le plus haut de toute la France. Le conducteur d'icelle ouvrage fut Germain Pilon, maître statuaire, et l'un des premiers en son art, lequel a rendu des ouvrages si parfaicts en notre ville de Paris et autres lieux de France, que la mémoire en sera perpétuelle.

« Du haut d'y celuy quadran y a premièrement le pourtraict d'une colombe signifiant le Saint-Esprit, sous laquelle est une couronne de laurier qui est dessus, et deux autres couronnes qui sont sur les écus de France et de Pologne ; le tout enclos d'un collier de l'ordre du Saint-Esprit, créé et institué par le roi Henri, à présent régnant, et dessus est écrit :

Qui dedit ante duas triplicem dabit ille coronam.

« En l'un des côtés du quadran est représenté Piété, tenant un livre ouvert auquel est écrit :

Sacra Dei celebrare pius regale time jus.

« Et de l'autre côté, Justice, tenant une balance. (Corrozet appelle ces deux figures Force et Justice.) Au bas du dit quadran est écrit :

Machina quæ bis sex tam juste dividit Horas,
Justitiam servare monet legesque tueri.

« Ces inscriptions sont de Jean Passerat professeur en éloquence. »
Cette description n'est pas tout à fait complète. Rabel ne dit pas, par exemple, que le fond du tableau représentait le manteau royal parsemé de fleurs de lys d'or.

Cent ans plus tard, Louis XIV fit de nouveau restaurer le cadran de cette horloge ; mais ni ce prince, ni ses prédécesseurs ne pensèrent à rappeler par un mot, par une initiale ou par une inscription, ce qui eut été plus convenable, que Charles V avait été le fondateur, et Henri de Vic le constructeur de cette machine monumentale. Cependant si l'on doit des hommages aux souverains qui font restaurer des monuments anciens dignes d'être conservés, on en doit encore bien plus à ceux qui en ont été les auteurs. On sait que dans ces derniers temps l'horloge du Palais a été restaurée avec beaucoup de talent par les soins et sous la direction de MM. Duc et Dommey, architectes de la ville de Paris.

Charles V ne se borna pas à faire exécuter l'horloge du palais, il en fit construire une seconde, non moins belle, pour son château de Montargis. Jean Jouvance fut l'auteur de celle-ci. On lisait autour de son timbre : *Charles le Quint, roi de France, me fit par Jean Jouvance l'an mil trois cent cinquante et trente* (1380).

Onze ans plus tard la cathédrale de Metz s'enrichit d'une horloge remarquable. On ne sait pas quelle place elle occupait primitivement dans l'église, ce ne fut qu'en 1510, qu'on la transporta dans la tourelle orientale de l'édifice, où on la voit encore aujourd'hui. Sans doute qu'avant de la fixer dans cette tourelle, la ville y aura fait faire les réparations nécessitées par un service de cent vingt ans.

L'horloge Messine sonnait autrefois comme aujourd'hui, les heures, et les quarts; elle marquait aussi le cours du soleil et les phases de la lune.

D'après les recherches faites par M. Bégin (voy. sa *Description de la Cathédrale de Metz*, 2 vol. in-8, 1843), en 1547, Marit (Joseph), horloger, maître du *gros orloge*, remit cette machine en bon état pour la somme de 6 livres 10 sous payée par la ville.

En 1660, le 18 novembre, Gabriel Stiches, horloger, reçut 31 livres 10 sous messins pour avoir fait diverses pièces à l'horloge. Le mémoire de maître Stiches se termine de la manière suivante :

« Messieurs considéreront, s'il leur plait, que le dit maître horlogier a employé cinq journées et demye et la plus grande partie des nuicts pour rendre le dit horloge en bon estat, où l'industrie estait grandement requise avec un grand travail, parmy ce temps d'hiver, tellement qu'il a si bien réussy que vous et le public en auez une grande satisfaction et contentement. » (Manuscrit autographe.)

G. Stiches eut pour successeur Claude Dubois, lequel fut remplacé par Harnox, qui occupa une maison attenant à la tour de l'horloge. La corde de

la cloche des heures, tombait dans son appartement, afin qu'il pût sonner
le guet sans être obligé de sortir de chez lui.

On connaît plusieurs autres horloges remarquables exécutées pendant le
cours des xive et xve siècles ; ce sont celles de Sens et Auxerre, et surtout
celle de Lund, en Suède. Cette dernière d'après la description qu'en donne
le docteur Hélein était des plus curieuses : lorsqu'elle sonnait les heures,
deux cavaliers se rencontraient et se donnaient autant de coups qu'il y avait
d'heures à sonner ; alors une porte s'ouvrait et l'on voyait la Vierge Marie,
assise sur un trône, l'enfant Jésus entre ses bras, recevant la visite des rois
Mages, suivis de leur cortége ; les rois se prosternaient et offraient leurs présents ; deux trompettes sonnaient pendant la cérémonie ; puis tout disparaissait pour reparaître à l'heure suivante. L'horloge d'Auxerre, un peu
moins ancienne que celle de Sens, existe encore aujourd'hui ; mais elle a
subi bien des réparations qui l'ont dénaturée. Elle est placée sous une arcade qui présente à la vue deux cadrans opposés l'un à l'autre sous cette
arcade. Ces cadrans sont divisés en deux fois 12 heures ; les deux aiguilles
des minutes sont terminées par un petit globe de cuivre composé de deux
cercles concentriques, mobiles, dont l'un rentre dans l'autre pour représenter par leurs différentes couleurs, les phases de la lune.

Ajoutons encore ceci sur les horloges qui furent faites avant la Renaissance :

En 1401, la cathédrale Séville s'enrichit d'une magnifique horloge à sonnerie. En 1404, Lazare, Servien d'origine, en construisit une pareille pour
Moscou. Celle de la ville de Lubeck fut faite en 1405 ; elle était décorée de
la figure des douze apôtres. Nous citerons encore la célèbre horloge que
J. Galéas Visconti fit construire pour la ville de Pavie, et surtout celle de
Saint-Marc de Venise, exécutée en 1495 par Gian Rinaldi. (Voy. la gravure
de cette horloge dans mon histoire de l'horlogerie et dans le Moyen Age et
la Renaissance.)

CHAPITRE III

TRAVAUX DES HORLOGERS AU XVIe SIÈCLE

Le moyen âge n'est plus. L'architecture gothique a vécu à peine deux siècles ; mais les monuments qu'elle a créés sont debout dans toute l'Europe, et ils y resteront encore longtemps pour sa gloire.

La Renaissance italienne et française ouvrent une ère nouvelle et plus complète à l'archéologie. Jules II, Léon X et les Médicis, Louis XII et Georges d'Amboise, François Ier et ses fils, amateurs éclairés des beaux arts, magnifiques protecteurs des grands artistes, voient fleurir autour d'eux, Pérugin, Raphaël, Léonard de Vinci, Michel-Ange, Jules Romain, Balthazar Peruzzi, Corregio, le Primatice, Benvenuto Cellini, les trois Clouet, Pierre Lescot, Jean Bullant, Jean Goujon, Germain Pilon, Philibert de Lorme, Jean Cousin, Bernard Palissi, Léonard Limosin, Raimond, les Pénicaud, etc., lesquels vont illustrer l'Italie et la France en les couvrant de leurs chefs-d'œuvre.

La Renaissance ! c'était une époque privilégiée, l'art débordait partout ; les ouvriers étaient tous des artistes, ou, plutôt cette distinction entre les travailleurs de divers rangs n'existait pas alors, on ne connaissait que des ouvriers ou *besogneurs*. On lit dans des mémoires du temps, dans des inventaires, des comptes royaux, et d'autres documents historiques, que le peintre François Clouet, par exemple, l'orfévre Benvenuto Cellini, le tailleur d'images Jean Goujon, etc., ont reçu telle somme plus ou moins forte pour leurs travaux et *besognes*. Donc les grands artistes des xve et xvie siècles étaient des besogneurs.

Je ne dois pas m'arrêter trop longtemps sur un sujet très-connu et dont divers historiens distingués ont parlé beaucoup mieux que je ne le pourrais faire : je me borne à dire que pendant le cours du xvi° siècle, l'horlogerie suivit le progrès des autres arts, et que plusieurs horlogers, dont je ferai connaître les noms plus tard, étaient dignes, par leur talent, de marcher côte-à-côte avec les ouvriers orfévres, imagiers, sculpteurs, ciseleurs, bijoutiers, etc., les plus renommés de l'époque. La plupart de ces horlogers ne se bornaient pas à faire les mouvements d'horlogerie des montres et des horloges portatives; ils faisaient tout aussi bien les boîtes et ils les décoraient avec un grand art sans avoir besoin d'être aidés par le graveur, le ciseleur, l'émailleur, le bijoutier ou le joaillier. Les rouages ne se faisaient pas alors, comme on les fait aujourd'hui, avec des découpoirs, des scies mécaniques, des laminoirs et autres machines très-commodes. On ne trouvait pas non plus, comme à présent, des calibres ou plans de montres et d'horloges tout préparés, des échappements prêts à mettre en action. Chaque ouvrier suivait sa propre inspiration; il traçait son plan sans s'occuper de celui des autres, souvent même sans vouloir se souvenir de ceux qu'il avait faits précédemment, car il aurait été honteux de se copier servilement, et à plus forte raison de copier les œuvres de ses émules ou de ses confrères. L'horloger traçait donc un plan de montre ou d'horloge, puis il forgeait ou faisait forger par ses apprentis les platines de cuivre ou d'acier et les autres pièces accessoires; il leur donnait avec le tour ou la lime la forme voulue, creusait le barillet ou tambour propre à loger le ressort-moteur, taillait les pas de la fusée pour recevoir la corde de boyau; fendait les dents des roues et des pignons, etc. L'échappement, qui est l'organe le plus délicat et le plus important de la machine. demandait des soins tout particuliers, car de sa bonne ou mauvaise construction dépend la régularité de la marche du rouage, et finalement de l'aiguille indicative des heures. Après ce travail venait celui de la partie décorative du mouvement, qui comprenait la gravure et la ciselure du coq, des piliers, de la *potence*, de la *contre-potence*, du *porte guide-chaîne*, lequel s'appelait alors *l'arrêtoir de la corde de boyau*, du *cliquet;* puis, enfin la dorure des pièces de cuivre et le polissage des objets d'acier. Les organes du réveille-matin, de la sonnerie, se faisaient de la même manière, toujours à la main, et motivaient une augmentation de gravures, de ciselures, etc. Les boîtes de diverses formes étaient, comme je l'ai dit, ouvrées avec le goût le plus exquis. Ainsi il est donc bien vrai que pour être horloger au xvi° siècle, il fallait avoir des connaissances supérieures et une habileté de main dont peuvent se passer, aujourd'hui, les ouvriers routiniers qui presque tous, notamment à Paris, sont des raccommodeurs dont toute la science consiste à savoir vendre au public des pièces d'horlogerie fabriquées soit à Genève, soit dans divers autres cantons de la Suisse, soit enfin dans l'industrieuse ville de Besançon ; mais toujours est-il que Paris, dont les montres furent recherchées jadis sur tous les marchés du monde, Paris n'est plus fabricant ; le marteau de ses artistes ne retentit plus dans ses ateliers déserts : l'art en France a vécu trois siècles ; sa décadence a commencé le jour même où l'on supprima les jurandes et les maîtrises !

CHAPITRE IV

STATUTS DE LA CORPORATION DES HORLOGERS

Vers le milieu du xvi'siècle, il y avait à Paris une quantité assez considérable d'horlogers pour que l'on songeât à les réunir en communauté. Les statuts de cette communauté ayant été décrétés au commencement du règne de François Ier, nous les donnerons en substance, en engageant nos lecteurs à les méditer attentivement.

STATUTS DE LA CORPORATION

I

Il ne sera permis à aucun orfévre, ni autre, de quelque état et métier qu'il soit, de se mêler de travailler et négocier, directement ou indirectement, aucunes marchandises d'horlogerie, grosses ou menues, vieilles ni neuves, achevées ou non achevées, s'il n'était reçu maître horloger à Paris, sous peine de confiscation des marchandises et amendes arbitraires.

II

A l'avenir, ne sera reçu de la maîtrise d'horloger aucun compagnon d'icelui, ou qui ne soit capable de rendre raison en quoi consiste ledit art de l'horloger, par examen et par essai qui se fera en la boutique de l'un des gardes-visiteurs dudit art ; ensemble, que les chefs-d'œuvre qui se feront seront faits en la maison de l'un desdits gardes-visiteurs, et que le compagnon ne soit apprenti de la ville.

III

Nul ne pourra être reçu maître dudit art, qu'il ne soit de bonnes vie et mœurs, et qu'il

II

Les gardes-visiteurs feront, par chaque an, ou chez chaque maître et veuve de maître, autant de visites qu'ils jugeront nécessaires pour les maintenir dans la discipline qu'ils sont obligés d'observer, à condition que les maîtres n'en payeront que quatre.

La communauté des horlogers de Paris est de la juridiction du lieutenant de police, ainsi que les autres corps de cette ville; ce qui concerne le titre des matières d'or et d'argent dont on fait les boîtes de montre, dépend de la cour des monnaies.

Les parties qui concernent l'art de l'horlogerie sont dépendantes de la communauté.

Ces statuts, que l'on peut lire en entier dans les ordonnances et les édits rendus par François Ier, n'étaient préjudiciables qu'à l'ignorance et à la mauvaise foi; ils servaient de frein au charlatanisme et à la cupidité.

Sous l'empire de ces sages institutions, protectrices du travail, les maîtres horlogers du XVIe siècle n'avaient pas à redouter la concurrence des personnes étrangères à la corporation. S'ils se préoccupaient de la supériorité artistique de quelques-uns de leurs confrères, c'était dans le but tout moral de leur disputer les premières places et de les devancer dans la carrière qu'ils avaient à parcourir.

Cette émulation était on ne peut plus favorable au développement de l'horlogerie. Le travail du jour, supérieur à celui de la veille, était surpassé par celui du lendemain. Ce fut par ce concours incessant de l'intelligence et du savoir, par cette rivalité légitime et fortifiante de tous les membres de la même famille industrielle, que la science elle-même atteignit peu à peu l'apogée du bien et du beau. L'ambition des maîtres était de se faire un nom respectable par leur probité commerciale et par la bonne confection de leurs ouvrages; c'était là ce qui les conduisait aux honneurs du syndicat; cette magistrature consulaire était la plus honorable de toutes, car elle était le fruit de l'élection et la récompense des services rendus à l'art et à la communauté. Les rois qui se succédèrent en France, depuis François Ier jusqu'à Louis XIII, améliorèrent, par de bons édits, les statuts de la corporation des horlogers. Cependant, dans certaines circonstances, comme celles de la naissance d'un enfant de France, d'une entrée solennelle dans la ville, etc., les rois s'étaient réservé les droits d'exempter des lettres de maîtrise des ouvriers qui n'avaient pas encore rempli les obligations imposées à tous par les statuts de la corporation; quelques abus furent la suite de ces royales faveurs : aussi furent-ils signalés à Louis XIV, à son avénement au trône, par les maîtres horlogers de Paris. Ce prince, par lettres patentes qu'on va lire, mit sagement fin aux abus qui s'étaient perpétués sous le règne de ses ancêtres.

LETTRES PATENTES DONNÉES AUX MAITRES HORLOGERS DE PARIS PAR
LOUIS XIV, EN OCTOBRE 1652

Louis, par la grâce de Dieu, etc.

Quoique les rois nos prédécesseurs n'aient perpétuellement rendu leurs intentions favo-
rables aux vœux de leurs sujets qu'autant qu'ils étaient réduits sous la justice des sou-
missions capables de mériter l'honneur de leur bienveillance, nous avons toutefois, dès
notre avénement à la couronne, pratiqué les maximes d'une politique moins rigoureuse,
puisque nos peuples en général ont ressenti les effets de nos grâces dans la confirmation
de leurs priviléges avant qu'ils eussent presque fait la demande, et que les particuliers se
sont insensiblement vus élevés au point d'une quiétude qu'il n'osaient auparavant espérer.
La nécessité des intelligences honnêtes de quelques négociants, les adresses de quelques
personnes attachées à la curiosité des mécaniques, et les ouvrages ingénieusement faits
de quelques artisans, nous ont obligé de les exempter de nos lettres de maîtrise, concédées,
soit en faveur de mariage, de naissance d'enfants de France, d'entrée en nos villes, ou
pour autres considérations importantes à notre État; mais parce que l'expérience nous
a fait connaître, depuis notre heureux retour en notre bonne ville de Paris, est infiniment
au-dessus de ceux que nous avons bien voulu gratifier, que par l'application d'un mouvement inconnu il fait découvrir les degrés du soleil, le cours de la lune, les effets des
astres, la disposition des moments, des secondes, des minutes, des heures, des jours, des
semaines, des mois et des années, les productions des métaux, les qualités des minéraux,
et que toutes les sciences contribuent unanimement au succès favorable de ces objets ;
que le coup d'une horloge adroitement disposé, préserve la personne d'un malade des
attaques funestes de ses douleurs, quand le remède lui est proportionnellement donné à
l'heure prescrite par le médecin; qu'une bataille se trouve ordinairement au point de sa
gloire par le secours d'un juste réveille-matin; et que l'invention de la montre doit effec-
tivement passer pour le principal mobile du repos, de la douceur et de la tranquilité des
hommes. Nous estimons aussi qu'il est bien raisonnable d'empêcher que dorénavant nuls
ne se puissent faire admettre audit art que ceux qui auront été réduits sous la discipline
d'un apprentissage, d'un chef-d'œuvre conditionné et d'une expérience judicieusement
imposée, puisque même les maîtres jusqu'à présent reçus en notre dite ville se sont
rendus si habiles que leur industrie surpasse de beaucoup celles des étrangers tant en la
beauté de leurs ouvrages qu'en la bonté qu'ils se sont particulièment étudiés d'y garder,
dont nous tirons un avantage de si grande conséquence, que les plus considérables de
notre cour, les marchands et tous nos peuples ont perdu le désir d'en chercher ailleurs,
et que par ce moyen le transport de nos monnaies ne se fait plus maintenant dans les pays
éloignés, comme il se faisait ci-devant. C'est pourquoi les maîtres horlogers de notre
dite ville, faubourgs et banlieue de Paris, nous ayant présenté requête en notre conseil
à ce qu'il nous plût leur octroyer nos lettres nécessaires pour en leur faveur interdire
les dites lettres de maîtrise : nous, avant leur faire droit, l'aurions, par arrêt du 21 novembre 1651, renvoyé au prévôt de Paris, ou son lieutenant-civil, afin de nous donner
son avis sur les conclusions d'icelle, qu'il aurait délivré le 3 décembre en suivant tel que

nous pouvions le désirer, pour leur concéder nos dites lettres avec plus grande connaissance de cause. A ces causes et pour plus étroitement obliger lesdits maîtres horlogers
en la continuation de leurs premières adresses d'exceller en leur art, d'en pousser les
avantages à un tel point, que les étrangers se voient frustrés de l'espérance de les égaler,
et pareillement éviter les abus qui se pourraient trop souvent glisser si toutes sortes de
personnes y étaient admises sans l'usage de quelques précautions très-exactes de l'avis
de notre conseil, qui a vu la requête desdits exposants, ledit arrêt du 21 novembre 1651,
et l'avis dudit lieutenant-civil du 3 décembre en suivant; le tout si attaché sous le contre-
scel de notre chancellerie; nous avons, par ces présentes, signées de notre main et de
notre grâce spéciale, pleine puissance et autorité royale, dit et ordonné, disons et ordon-
nons qu'à l'avenir nos édits et lettres de maîtrise octroyées en faveur de mariage, naissance d'enfants de France, couronnements, entrées dans nos villes, etc., n'auront lieu ni
effet pour ledit art d'horlogerie, et n'en seront expédiées ni délivrées aucunes par notre
chancelier et garde de nos sceaux de France, ce que nous interdisons et défendons; et, à
cet effet, avons ledit art d'horlogerie excepté et réservé de l'exécution des édits, faits et
à faire par nous et les rois nos successeurs pour la création des maîtres en l'étendue de
notre royaume sur quelque sujet que ce puisse être.... Voulons, au contraire, que nul
ne puisse tenir boutique ouverte, ni travailler dudit art en notre dite ville, faubourgs et banlieue d'icelle, qu'il n'ait auparavant fait apprentissage, chef-d'œuvre et expérience conformément aux statuts : cassant et révoquant dès à présent, comme pour lors, toutes
lettres de maîtrise qui pourraient être expédiées par surprise ou autrement, au préjudice
desdites présentes, et défendons à tous nos juges d'y avoir aucun égard. Si nous donnons
en mandement à nos amés et féaux conseillers, les gens tenant notre cour de parlement
à Paris, prévôt dudit lieu, ou son lieutenant-civil et à tous nos autres justiciers et officiers qu'il appartiendra, que ces dites présentes ils aient à faire enregistrer, garder et
observer inviolablement, et du contenu en icelles jouir et user lesdits maîtres horlogers
pleinement et paisiblement cessant et faisant cesser tous troubles et empêchement et au
contraire, et à ce faire contraindre et obéir tous ceux que besoin sera, nonobstant opposition et appellations quelconques, statuts, priviléges, ordonnances et lettres au contraire,
auxquelles et aux dérogatoires y contenues nous avons dérogé et dérogeons par ces
dites présentes : car tel est notre bon plaisir, etc., etc.

CHAPITRE V

LES HORLOGERS AU XVIᵉ SIÈCLE

Parmi les horloges monumentales du xvi° siècle, on cite celle que Henri II
fit construire pour son château d'Anet, en 1550 : chaque fois que l'aiguille
allait marquer l'heure, un cerf aux abois, sortant de l'intérieur de l'horloge,
s'élançait poursuivi par une meute de chiens ; bientôt la meute et le cerf
s'arrêtaient, et celui-ci, par un mécanisme des plus ingénieux, sonnait
l'heure avec un de ses pieds.

Une autre horloge de la même époque, mais encore plus remarquable, fut
celle d'Oronce Finé. Ce nom presque oublié aujourd'hui fut celui d'un
homme illustre et savant, et ses livres sur la géométrie, l'algèbre, l'astronomie, la mécanique, etc., eurent un grand succès à son époque, et lui méritèrent le titre de mathématicien du roi François Iᵉʳ, titre qui lui donnait ses
entrées à la cour, où il brillait par son esprit et ses rares connaissances. Sa
maison particulière fut pendant longtemps le rendez-vous des savants étrangers, des ministres, des ambassadeurs, des artistes renommés, parmi
lesquels se distinguaient particulièrement Germain Pilon, le Primatice et
Cellini.

D'illustres dames ne dédaignaient pas d'embellir de leur présence ce sanctuaire de la science et des beaux-arts ; on y vit plus d'une fois la fière duchesse d'Etampes et la très-gracieuse Diane de Poitiers...

Le cardinal duc de Lorraine était aussi un des hôtes assidus d'Oronce
Finé, et ce fut ce prince, amateur passionné des beaux-arts mécaniques, qui
lui commanda l'horloge dont il est ici question, laquelle fut commencée en
1546. Cette machine a donc appartenu à la puissante maison de Lorraine. Le

cardinal, à sa mort, la légua au couvent des Génovéfains, où elle fonctionna pendant longtemps à la grande satisfaction des moines. Sous Louis XIII, on la plaça dans la bibliothèque que le duc de la Rochefoucauld avait fondée dans ce couvent, et elle y resta jusqu'en 1850, époque où on la transporta avec beaucoup de précautions à la place qu'elle occupe aujourd'hui dans le nouveau monument.

Nous savions que la description de l'horloge d'Oronce Finé avait été trouvée dans les papiers du cardinal-duc, et, sur notre demande, des recherches ayant été faites parmi les manuscrits de la Bibliothèque impériale, on retrouva ce précieux document, dont nous prîmes copie. Nous en reproduisons les deux passages suivants, qui suffiront pour faire connaître l'importance de l'horloge de Sainte-Geneviève :

..... « Cette pièce, dit l'auteur, pour sa rareté, perfection, délicatesse de ses parties, justesse de ses mouvements, qui sont une naïve expression de tous ceux que nous voyons au ciel, tant étoiles fixes qu'errantes, mérite d'être comptée entre les merveilles de notre siècle. Il sera avant tout remarqué que cet excellent homme (Oronce Finé), ayant formé en son esprit tout le dessin de sa pièce, fit venir à Paris les plus excellents ouvriers d'Europe pour l'exécuter, et, par sa sage conduite, la rendit parfaite après avoir employé plus de sept ans à y travailler. Il la livra audit seigneur cardinal l'an 1553, ainsi qu'il se reconnaît en l'araigne de l'astrolabe de cette horloge..... »

« La figure de cette machine est un prisme à cinq faces ou pentagonal, de la hauteur de cinq pieds, posé sur piédestal cylindrique de la hauteur de trois pieds, enrichi de cinq mufles de lion, finissant en forme d'harpies qui y sont attachées, d'une belle ordonnance : toute sa hauteur est de six pieds.

« Les cinq faces qui forment le corps extérieur dudit horloge sont de cuivre doré d'or moulu ; ledit corps porte dix-sept pouces en son diamètre et est embelli de cinq colonnes de l'ordre corinthien avec leurs chapiteaux sur lesquels pose un petit dôme qui renferme les mouvements et le timbre de la sonnerie, et supporte en son sommet un globe céleste, aussi doré d'or moulu, de sept pouces de diamètre ; sur lequel globe sont gravées les quarante-huit constellations du firmament, faisant son mouvement d'orient en occident, et achevant sa révolution en vingt-quatre heures. »

Ici l'auteur donne la description des rouages de l'horloge ; il dit que les plus habiles artistes de Paris déclarèrent unanimement qu'aucune pièce aussi compliquée et aussi bien travaillée n'avait encore été vue dans la capitale.

Les cadrans qui marquaient, outre les heures, les révolutions des corps célestes, le cycle solaire, le nombre d'or et les épactes, le lever et le coucher du soleil, les signes du zodiaque, les quantièmes des mois, les jours de la semaine, etc., etc., tous ces cadrans, en cuivre doré, ont été gravés et ciselés avec le goût le plus exquis. Il en est de même pour les aiguilles, que les rouages intérieurs de la machine entraînaient incessamment dans leurs mouvements respectifs de rotation. On voit sur le cadran principal les portraits en médaillons de trois princes de la maison de Lorraine ; leurs armes ou blasons se détachent en relief sur le dôme pentagonal qui surmonte élégamment l'édifice.

Le cardinal était fier de son horloge planétaire, et Henri II, qui la vit à son retour de la Lorraine, en 1553, voulut en avoir une absolument pareille. Oronce Finé entreprit ce nouveau travail, mais ses forces étaient épuisées, et deux ans plus tard, quoiqu'il n'eût alors que soixante et un ans, ce grand mathématicien avait cessé de vivre. Mais, par un hasard providentiel, son horloge nous est restée presque intacte : elle orne aujourd'hui la salle des manuscrits de la bibliothèque de Sainte-Geneviève. Elle est presque intacte, c'est un fait ; car jusqu'à présent elle a échappé aux mains meurtrières des ouvriers des dix-sept et dix-huitième siècles ; elle n'a pas été modernisée. Mais hélas ! l'action du temps, mais la rouille et la poussière ne l'ont pas respectée depuis trois siècles, et le moindre ébranlement pourrait disjoindre ou briser ses frêles organes. Espérons que ce malheur n'arrivera pas, et que bientôt cette horloge, confiée à d'habiles artistes, et reprenant sous leurs mains sa forme primitive, redeviendra le chef-d'œuvre d'Oronce Finé.

On ne connaît pas l'auteur de la célèbre horloge de Jean d'Iéna, mais on sait qu'elle fut construite vers le milieu du xvi⁰ siècle ; elle existe encore aujourd'hui. Au-dessus de son cadran est une tête en bronze, d'une laideur remarquable, dont la bouche s'ouvre, dès que l'heure va sonner ; alors une statue, représentant un vieux pèlerin, lui présente une pomme d'or attachée au bout d'une baguette ; mais au moment où la pomme est sur le point d'être avalée, le pèlerin la retire précipitamment : ainsi le pauvre *Hans de Jena* (Jean d'Iéna), comme on l'appelle, est condamné, depuis trois siècles, au sort de Tantale. A gauche de cette tête est un ange chantant (ce sont les armes de la ville) : il tient un livre d'une main, et le lève vers ses yeux, à chaque fois que l'heure sonne ; de l'autre main, il agite une clochette. Cette horloge, qu'on appelle communément « la tête monstrueuse » ou *Hans von Jéna*, est souvent citée par les écrivains allemands, lesquels prétendent que la figure qui en fait le principal ornement représente les traits d'un bouffon du prince Ernest, électeur de Saxe. On dit qu'après la mort de l'électeur, alors que ses héritiers se partageaient le pays, le fou Klaus (c'est ainsi qu'il se nommait) fut estimé 80,000 risdalers (32,000 fr.), somme énorme pour l'époque : « Les plus sages et les plus habiles, disent les chroniqueurs, pouvaient aller à l'école de ce bouffon de cour, et les princes mêmes manquaient rarement de lui demander des conseils. »

Peu de temps après la mort de Charles-Quint, l'empereur Ferdinand, son successeur, envoya à Soliman, empereur des Turcs, une horloge admirable. Suivant Bugato (*Garzoni Piazza universale*), elle marquait le cours des astres, le lever et le coucher du soleil ; elle sonnait les heures, etc.

En 1570, la ville de Niort, en Poitou, s'enrichit d'une horloge non moins curieuse que celle d'Iéna. Une multitude de figures allégoriques la décoraient. Elle fit pendant longtemps l'orgueil de la province ; elle était un objet d'envie pour les pays circonvoisins, dont les habitants venaient la visiter *en grant révérence*. Le sieur Bouhain, auteur de cette horloge, en a donné une description qui peut paraître emphatique ; cependant, d'après ce qu'en disent plusieurs historiens, notamment le jésuite Schott et le révérend père Alexandre, elle n'était pas inférieure aux plus belles horloges de l'époque.

L'HORLOGE DE STRASBOURG

La cathédrale de Strasbourg a eu deux horloges ; la première était placée vis-à-vis de celle qui existe aujourd'hui. On y voit encore, dans la muraille, les restes de la pierre qui la soutenait. Elle fut commencée en 1352 et achevée en 1354. (Voy. *Schilter*, page 575.) Elle était divisée en trois parties. La première, commençant par le bas, représentait le calendrier, qui faisait son tour en un an. On voyait dans la partie du milieu un astrolabe qui indiquait les mouvements du soleil et de la lune, les heures et les demi-heures. La partie la plus élevée renfermait l'image de la Vierge, devant laquelle les trois rois s'inclinaient à chaque fois que l'heure était sur le point de sonner. Cette horloge, quoique réparée en 1399, tombait en ruine, lorsque les directeurs de la fabrique résolurent, en 1547, d'en faire construire une nouvelle, pour être mise à la place qu'occupe aujourd'hui celle dont nous donnons plus bas la description.

Trois célèbres mathématiciens, Chrétien Herlin, Michel Heer et Nicolas Brükener, furent chargés de dresser le plan de cette horloge et de présider à tous les travaux nécessaires à son érection. Ce travail était déjà fort avancé lorsqu'il fut interrompu par la mort d'Herlin, en 1562, et par d'autres circonstances produites par l'intérim de Charles-Quint.

En 1570, Conrad Dasypodius, professeur de mathématiques à l'Université de Strasbourg, fut choisi pour achever l'horloge ; mais, voulant la refaire d'après les vrais principes de l'astronomie et de la mécanique, il dressa un nouveau plan, qu'il alla communiquer, à Fribourg, à Conrad Schreckenbenfucks et aux autres mathématiciens de l'Université de cette ville, qui tous l'approuvèrent. De retour à Strasbourg, en mai 1571, il commença l'immense travail qu'il avait entrepris ; et, pour en accélérer les progrès, il s'associa son ami David Wolckstein, qu'il fit venir pour cet effet de la ville d'Augsbourg, où ce savant résidait. Tobie Sturmer, peintre de Strasbourg, fut chargé de faire toutes les décorations relatives à son art. (Voy. le *Burgerfreund* de l'année 1777, page 196.) Mais le principal travail, qui consistait dans les rouages et les mouvements sans nombre de l'horlogerie, fut confié aux deux frères Isaac et Josias Habrecht, du canton de Schaffhouse, qui avaient acquis, en Suisse et dans toute l'Allemagne, une réputation justement méritée. Les directeurs de la fabrique passèrent, avec ces deux habiles horlogers, un traité par lequel on leur allouait 7,000 florins, la nourriture, l'entretien et le logement. Isaac Habrecht signa seul le contrat, parce que son frère Josias, âgé seulement de dix-neuf ans, n'était pas encore reçu maître, et qu'il fut bientôt appelé par l'électeur de Cologne pour exécuter l'horloge du château de Kayserswerth ; Isaac acheva seul l'œuvre qu'il avait entreprise et à laquelle il mit la dernière main le 24 juin 1574.

Description de l'horloge de Strasbourg

L'horloge de Strasbourg est entourée de deux balustrades, dont l'une est en bois et l'autre en fer. Elle est divisée en trois étages. Sur le premier est un globe astronomique porté sur le dos d'un pélican. Ce globe, qui a trois pieds de diamètre, pèse cent livres. Sa composition est un mélange de toile, de mastic, de craie et de papier. Il tourne toutes les 24 heures. Il représente le lever et le coucher du soleil et de la lune, ainsi que le cours et le mouvement des astres, qui tous font leur révolution astronomique par le moyen des ressorts et des rouages cachés dans le pélican. Dasypodius, qui avait composé ce globe, en 1557, pour son usage personnel, l'estima lui-même comme le plus considérable et le meilleur morceau de son travail. Vis-à-vis de ce globe se trouve un tableau rond, haut de dix pieds, qui est divisé en trois parties. La première et la plus grande, ayant neuf pieds de diamètre, contient un calendrier perpétuel, marquant les mois, les semaines et les jours. Apollon et Diane, debout sur des piédestaux, sont placés de chaque côté du calendrier. Apollon, qui désigne le Soleil, marque chaque jour de l'année avec une flèche qu'il tient en main ; Diane, qui représente la Lune, marque le jour où se termine la moitié de l'année. Cette première partie du tableau rond tourne de gauche à droite, fait son mouvement de rotation une fois par an et marque chaque jour de l'année par les noms des saints comme ils sont écrits dans le calendrier. On y remarque entre autres celui de Lutherus, placé au 13 février. La seconde partie du tableau, dont le diamètre est de huit pieds, a son mouvement de droite à gauche, et ne fait qu'un tour en cent ans, c'est-à-dire qu'elle était divisée en cent parties égales, dont chacune devait marquer l'année courante, depuis 1573 jusqu'à 1673. Elle indiquait aussi l'année de la création du monde (de 5535 à 5635), les équinoxes, les heures et les minutes, les dates de la Quinquagésime, de Pâques et de l'Avent, les concurrents, la lettre dominicale, les bissextes, etc. Toute cette partie avait été calculée suivant le calendrier Julien. La troisième partie du rond, qui est la plus petite, est placée au centre et n'a aucun mouvement. Elle représente la carte d'Allemagne, et principalement le cours du Rhin et le plan de Strasbourg ; on y lit aussi les noms de ceux qui ont construit l'horloge. Aux quatre coins de ce tableau sont les quatre saisons figurées par les quatre âges de l'homme. Chaque côté du second étage a pour ornement un lion, dont l'un tient les armes de la ville, et l'autre celles des directeurs de la fabrique. Sur la gauche de cet étage, est posée la tourelle qui renferme les poids et les principaux rouages de l'horloge.

Au-dessus de l'astrolabe et au-dessous de l'entablement du troisième étage, est un cadran qui marque le cours et le quantième de la lune. Ses phases y sont indiquées au moyen d'un nuage : d'un côté cet astre s'élève et montre successivement son croissant, son premier quartier et son plein ; puis, rentrant sous l'autre côté du nuage, fait voir également sa décroissance successive.

Au troisième étage est une roue, sur laquelle sont attachés quatre Jacquemarts représentant les quatre âges de l'homme, et qui, en tournant, frappent les quarts d'heure sur des cymbales. Plus haut est un nouvel entablement où se trouve la cloche des heures, près de laquelle sont Jésus-Christ et la Mort : celle-ci, s'approchant à chaque quart d'heure, est repoussée par le Sauveur; mais, l'heure étant venue, la Mort s'avance pour la sonner; et cette fois-ci Jésus-Christ lui permet de remplir sa mission, afin de montrer aux hommes que la mort, tôt ou tard, arrive à son but.

Au-dessus du troisième étage est le dôme de l'horloge, dans lequel est un carillon qui joue quelques airs de cantiques anciens. Ce carillon est de l'invention de David Wolckstein.

La tourelle qui est sur la gauche, et qui renferme les poids et contrepoids de l'horloge, est ornée des peintures de Tobie Sturmer. Au-dessus de cette tourelle est un coq automate, qui était celui de l'ancienne horloge de l'année 1353 et qui fut conservé dans la nouvelle. Ce coq, après le carillon, déploie avec bruit ses ailes, allonge le cou, et par deux fois fait entendre son chant naturel. Au-dessus de cet automate est peinte la figure d'Uranie, qui préside aux mathématiques. Plus bas est représenté le colosse, ou la statue dont il est parlé dans le septième chapitre de Daniel, et qui désigne les quatre monarchies. Dans la partie la plus inférieure est le portrait de Nicolas Copernic; Tobie le fit sur la copie d'après l'original que le docteur Tidemann Gysse envoya de Dantzig à Dasypodius.

Sur la gauche de la tourelle, vis-à-vis le chœur de l'église, sont les trois Parques : Lachésis tenant la quenouille, Clotho filant, et Atropos coupant le fil de la vie. Sur la droite, du côté du portail, est l'escalier de pierre, fait en limaçon, par lequel on monte à l'horloge.

Le mathématicien Dasypodius survécut encore vingt-sept ans à la construction de l'horloge dont il avait conçu le plan et dirigé les travaux. Chanoine de Saint-Thomas depuis 1562, il en fut nommé custos en 1577, par l'évêque Jean de Manderscheid. Il était doyen de cette église lorsqu'il mourut le 26 avril 1601. Isaac Habrecht, son principal coopérateur, mourut à Strasbourg le 11 novembre 1620, à l'âge de 76 ans. Son portrait fut gravé en 1602. Au-dessus de cette estampe on lisait un distique latin à la louange de cet habile horloger.

Ses descendants eurent la direction de l'horloge de Strasbourg jusqu'en l'année 1732, époque où le dernier des Habrecht mourut. (Voy. *Melchior Adam, J. Schiller, l'abbé Grandidier, etc.*)

Plusieurs historiens, et entre autres Angelo Rocca, dans son *Commentarium de Campanis*, disent que l'on attribuait la construction de l'horloge de Strasbourg à Nicolas Copernic qui florissait vers le milieu du xvi⁰ siècle. Ils ajoutent qu'après que ce savant astronome eut mis la main à son œuvre, les échevins et les consuls de la ville lui firent crever les yeux pour lui ôter la possibilité d'en exécuter une pareille. Le premier fait est dénué de tout fondement; il est même probable que Copernic n'a pas vu l'horloge de Strasbourg; quant au second fait, il tombe de lui-même, c'est un conte absurde de tout point, et nous nous étonnons à bon droit que des écrivains s'en soient faits les propagateurs.

Cette horloge, qui représentait l'état des connaissances du xvi⁰ siècle, était, pour son temps, un véritable chef-d'œuvre; aussi fut-elle comptée au nombre des sept merveilles de l'Allemagne, dont Strasbourg faisait alors partie comme ville libre. Les poëtes les plus célèbres de l'époque, les Xylander, les Fischart, les Crusius, les Cell, les Frischlinus, s'empressèrent à l'envi d'en faire le sujet de leurs chants.

L'horloge de Strasbourg cessa de fonctionner régulièrement dès le commencement du xviii⁰ siècle; on la répara plusieurs fois sans beaucoup de succès jusqu'au moment où, en 1838, M. Schwilgué, savant horloger, entreprit la restauration complète de cette machine. Ce travail fut achevé le 2 octobre 1842, à la grande satisfaction des habitants de la ville qui firent, avec solennité, l'inauguration de la nouvelle horloge le 10 décembre de la même année.

Comme cette pièce diffère essentiellement de la première, nous croyons faire plaisir aux lecteurs en en donnant la description d'après M. C. Schwilgué, le fils du savant artiste.

« Cette œuvre, dit l'auteur, qui vient d'être complétée par la pose d'une sphère céleste, est entièrement de l'invention de mon père, aucune pièce de l'ancienne horloge n'ayant pu être utilisée, à l'exception de quelques statuettes, dont les unes ne servent que d'ornement et dont les autres ont reçu des mouvements plus naturels.

« Toutes les anciennes indications, en majeure partie figurées par la peinture, ne pouvaient servir que pour des périodes assez restreintes; aujourd'hui elles se trouvent reproduites à perpétuité par des combinaisons mécaniques dont l'exactitude ne laisse rien à désirer. Outre ces indications astronomiques, l'horloge en fait voir plusieurs autres qui n'étaient pas connues au temps de Dasypodius. Enfin, pour conserver les traditions de l'ancienne horloge, dont le souvenir est si populaire dans nos contrées, les divers mécanismes ont été composés de manière à ce que, malgré les nombreuses augmentations dont la nouvelle œuvre a été enrichie, on ait pu les établir dans l'ancien cabinet.

———

« I. Le monument est derechef entouré d'une grille en fer et d'une balustrade en bois, mais qui sont placées dans un ordre inverse de celui de l'ancienne horloge. La grille, d'une forme simple et cependant élégante, est disposée de manière que du dehors on puisse voir facilement l'horloge, tandis que la balustrade à hauteur d'appui sert à la fois à garantir la sphère et à ménager un espace réservé aux personnes qui voudront donner quelque temps à l'examen attentif des divers mécanismes.

« II. Au bas du monument est placée une sphère céleste, indiquant sur un cadran le *temps sidéral*, c'est-à-dire le mouvement diurne des étoiles. Cette sphère, construite en cuivre et supportée par quatre belles colonnes en métal, est disposée pour la latitude de Strasbourg. Toutes les étoiles des six premiers ordres de grandeur, au nombre de passé 5,000, sont représentées dans leurs positions vraies et respectives, sur un fond imitant la voûte céleste; ces étoiles, groupées en 110 constellations faciles à distinguer, sont désignées par les lettres grecques et latines qui servent à les reconnaître. La sphère opère sa révolution d'orient en occident dans un jour sidéral, c'est-à-dire dans l'intervalle entre les retours successifs d'une même étoile au méridien, durée plus courte d'environ 3 minutes 56 secondes que celle du jour solaire moyen.

« Dans son mouvement autour de son axe, la sphère emporte avec elle les cercles qui l'entourent, savoir : l'équateur, l'écliptique, le colure des solstices et celui des équinoxes, tandis que les cercles du méridien et de l'horizon restent immobiles; elle nous fait ainsi voir le moment du lever, du coucher, comme aussi celui du passage au méridien de Strasbourg, de toutes les étoiles visibles à l'œil nu qui paraissent sur l'horizon.

« Outre ce mouvement remarquable par son exactitude, les cercles qui se meuvent avec la sphère se déplacent de manière à subir l'influence presque insensible de la précession des équinoxes; ce déplacement rétrograde est tellement imperceptible qu'il faut environ 25,804 années pour que ces cercles fassent leur révolution complète autour de la sphère; dans ce mouvement, l'équinoxe variable se trouvera coïncider constamment avec le point du ciel auquel il répond; or, comme chacun sait, le midi du jour sidéral est marqué par le passage de ce point équinoxial au méridien.

« III. Immédiatement derrière la sphère céleste se trouve le compartiment consacré au calendrier.

« Une bande métallique, en forme d'anneau, n'ayant que 25 centimètres de largeur sur une circonférence de passé 9 mètres, porte, sur un fond doré, toutes les indications d'un *calendrier perpétuel* : le mois, les quantièmes, les lettres dominicales, les noms des saints et des saintes, ainsi que les fêtes fixes. Cet anneau, qui est mobile, avance chaque jour d'une division, le passage d'un jour à un autre s'effectuant instantanément à minuit.

« Une statue représentant Apollon se tient à la droite du calendrier en montrant, avec une flèche qu'elle porte d'une main, le jour de l'année et le nom du saint correspondant à ce jour. Diane, sous les traits de la déesse de la nuit, est placée de l'autre côté et seulement pour servir de pendant au dieu du jour.

« Le calendrier fait sa révolution en 365 ou en 366 jours, selon que l'année est commune ou bissextile, et reproduit en outre l'irrégularité connue sous le nom de bissextiles séculaires, c'est-à-dire qu'il opère de lui-même le retranchement ou la suppression de 3 jours en 400 années.

« Entre le 31 décembre et le 1ᵉʳ janvier, le calendrier porte les mots de *commencement de l'année commune*, lesquels mots continuent à demeurer à leur place tant que les années sont ordinaires, c'est-à-dire de 365 jours; il n'en est plus de même dans les années bissextiles : le mot de *commune* disparaît, et un nouveau jour s'intercale entre le 28 février et le 1ᵉʳ mars.

« Indépendamment de ces combinaisons qui, dans l'horloge, n'ont pas de limites, en ce qu'elles seront reproduites pour un temps indéfini, le calendrier indique aussi les fêtes mobiles, savoir : la Septuagésime, le Mercredi des Cendres, le Dimanche de la Passion, celui des Rameaux, le Vendredi-saint, la fête de Pâques, celle de l'Ascension, la Pentecôte, la Trinité, la Fête-Dieu et deux des Quatre-Temps, etc. Ces fêtes variables se placent d'elles-mêmes chaque année, le 31 décembre, à minuit, aux jours auxquels elles correspondent dans la nouvelle année; ainsi fixées, elles conservent leur position jusqu'au passage de l'année suivante.

« Outre les fêtes mobiles qui dépendent du jour de Pâques, et qui, comme nous le verrons, sont reproduites par le comput ecclésiastique, le calendrier fait encore connaître, à l'aide de mécanismes particuliers, le premier dimanche de l'Avent, ainsi que ceux des Quatre-Temps qui en dérivent ; il indique de plus la fête de Saint-Arbogaste, patron du diocèse, laquelle fête est variable et se célèbre toujours un dimanche dans la dernière quinzaine du mois de juillet.

« Quatre figures parfaitement caractérisées occupent les quatre angles de ce compartiment ; ces figures, qui sont dues au pinceau de Tobias Stimmer, le peintre et le sculpteur de l'ancienne horloge, représentent la Perse, l'Assyrie, la Grèce et Rome, ou les quatre monarchies du monde ancien, d'après la prophétie de Daniel.

« IV. La partie interne, comprise dans la bande annulaire du calendrier, est uniquement destinée aux indications du *temps apparent*, c'est-à-dire aux différents mouvements du soleil et de la lune, tels que nous les voyons dans les cieux, tels enfin que ces astres nous apparaissent.

« On sait que le temps employé par le soleil pour revenir à un même méridien, ou le temps écoulé entre deux midis successifs, marqué sur un bon cadran solaire, n'est pas le même pour chaque jour de l'année ; or, de cette marche irrégulière il résulte qu'une horloge parfaitement réglée ne demeurera pas d'accord avec le soleil : tantôt elle avancera, tantôt elle retardera, et cette inégalité peut aller jusqu'à environ 16 minutes.

« Les jours formés par chaque révolution apparente du soleil sont nommés *jours solaires ;* on les désigne encore sous le nom de *jours vrais*, parce qu'ils indiquent le *vrai* moment du passage du soleil au méridien.

« Le cadran du temps apparent, peint en azur, est entouré d'un cercle en argent sur lequel on voit deux fois les heures de 1 à 12 avec leurs subdivisions en minutes. Ce cadran sert à la représentation :

« 1° du lever et du coucher du soleil ;

« 2° du temps vrai ;

« 3° du mouvement diurne vrai de la lune autour de la terre, ou de son ascension droite vraie, et de son passage au méridien ;

« 4° des phases de la lune ;

« 5° enfin des éclipses de soleil et de lune.

« Les heures du lever et du coucher du soleil sont indiquées à l'aide d'un horizon mobile qui divise en deux le cercle parcouru par le soleil ; on peut déduire de là la longueur de chaque jour de l'année et celle de chaque nuit. C'est ainsi qu'aux équinoxes on voit le soleil se lever vers 6 heures du matin et se coucher vers 6 heures du soir, et qu'au solstice d'été il se lève vers les quatre heures du matin pour ne disparaître de l'horizon que vers 8 heures du soir, tandis qu'au solstice d'hiver on ne le voit apparaître que vers 8 heures du matin et se coucher déjà vers les 4 heures du soir. Dans ces indications, qui sont exprimées en *temps vrai* ou *apparent*, et qui se rapportent au méridien de Strasbourg, on a eu égard à la loi de la réfraction, en vertu de laquelle les rayons lumineux qui émanent du soleil éprouvent, en entrant dans l'atmosphère terrestre, une inflexion qui les fait paraître plus élevés sur l'horizon qu'ils ne le sont réellement.

« Deux aiguilles de même couleur que celle du cadran, sur lequel elles se projettent, sont terminées l'une par un disque doré à rayons figurant le soleil, l'autre par un petit globe à couleur argentine d'un côté et noir de l'autre, représentant la lune. Les diamètres de ces deux astres sont en rapport exact avec la grandeur moyenne apparente du soleil et de la lune, ce qui les rend propres à l'indication des éclipses.

« A cet effet, la terre figurée par l'hémisphère septentrional occupe le centre du cadran ; cet hémisphère, qui est orienté de manière que le méridien de Strasbourg se trouve dans la verticale, représente avec la dernière exactitude tous les pays situés entre l'équateur et le pôle nord ; il peut donc servir à indiquer le temps du passage du soleil et de la lune aux méridiens de ces divers pays ; c'est ainsi que l'on verra que le soleil passe au méridien de Paris environ 22 minutes plus tard, et à celui de Vienne, en Autriche, environ 34 minutes plus tôt qu'à Strasbourg.

« Durant les révolutions, que dans les intervalles inégaux le soleil et la lune exécutent autour de la terre, il arrive que ces astres se trouvent, l'un à l'égard de l'autre, dans des positions particulières et très-différentes.

« Si la lune est du même côté que le soleil, par rapport à notre planète, et si en même temps elle est dans ses nœuds ou tout auprès, c'est-à-dire près des points où l'orbite de la lune coupe le plan de l'écliptique, elle se trouvera entre le soleil et la terre ; or, comme notre satellite est un corps opaque, il cachera le soleil à une partie de notre globe, faisant ainsi assister les habitants de ces contrées à une éclipse de soleil. Durant ce phénomène, la partie obscure de la lune sera tournée vers le spectateur, et le soleil se trouvera occulté d'autant plus que l'éclipse sera partielle ou totale.

« Par contre, si la lune est du côté opposé au soleil par rapport à la terre, et si en même temps elle est dans ses nœuds ou auprès de ces points, la terre, se trouvant alors entre ces deux astres, empêchera la lumière du soleil d'arriver à notre satellite, il y aura alors une éclipse de lune : phénomène qui, dans l'horloge, est représenté par l'occultation du globe de la lune, lequel se trouve caché par un disque représentant une section du cône d'ombre de la terre ; cette disparition est plus ou moins grande, suivant que l'éclipse est totale ou partielle ; elle est en outre boréale ou australe, suivant les positions de ces astres.

« Cette partie de l'horloge indique avec toute la précision mécaniquement possible ces phénomènes célestes qui étaient autrefois pour les peuples un sujet de terreur, et qui, aujourd'hui, peuvent être calculés et prédits ; l'horloge fait connaître non-seulement toutes les éclipses visibles, mais aussi celles qui sont invisibles à Strasbourg ; elle fait de plus voir, par l'inspection de l'hémisphère, quelles sont les contrées où ces phénomènes sont apparents.

« Comme les éclipses de soleil ne peuvent avoir lieu que dans les moments des *conjonctions*, c'est-à-dire dans le temps de la nouvelle lune, et que les éclipses de lune n'ont lieu que dans les *oppositions* ou dans le temps de la pleine lune, il est facile de concevoir que notre satellite doit, outre le mouvement qu'il décrit autour de la terre, se montrer tantôt éclairé et tantôt obscur, pour nous présenter les phases, ou les différentes apparences telles qu'elles paraissent à nos yeux chaque mois lunaire.

« L'orbite parcourue par le satellite de la terre étant en outre inclinée à l'écliptique, il est encore facile de concevoir que dans son mouvement autour de la terre, la lune doit tantôt s'approcher, tantôt s'éloigner de la route décrite en apparence par le soleil, c'est-à-dire de l'écliptique, à l'effet de répondre à sa latitude boréale ou australe. Chacune de ces latitudes sera indiquée dans l'horloge par la position de la lune, selon qu'elle se trouvera placée au delà ou en deça du soleil, selon qu'elle passera devant cet astre, dans les moments de ses nœuds.

« V. Du système qui sert à l'exposition des révolutions apparentes du soleil et de la lune, le regard se porte naturellement sur les deux compartiments qui l'avoisinent ; celui à la gauche du spectateur sert, comme l'annoncent les mots de *comput ecclésiastique*, à la supputation des différents éléments du temps nécessaire à régler le calendrier et principalement les fêtes de l'Église. C'est la première fois qu'on ait établi, à l'aide de combinaisons mécaniques, un calendrier perpétuel et un comput ecclésiastique ;

ces portions de l'horloge ne sont pas les seules que mon père ait inventées, il est aussi l'auteur de toutes les parties dont nous avons déjà parlé, comme aussi de celles qu'il nous reste encore à décrire.

« Le comput ecclésiastique sert à régler :

« 1. le Millésime ;

« 2. Le Cycle solaire ;

« 3. Le Nombre d'or ou Cycle lunaire ;

« 4. l'Indiction romaine ;

« 5. la Lettre dominicale ;

« 6. les Épactes ;

« 7. la fête de Pâques.

« 1. Le millésime, composé de 4 chiffres, occupe la partie supérieure du comput : chacun de ces chiffres est porté par un cercle particulier, sur lequel les neuf premiers nombres, plus le zéro, se trouvent gravés. Le cercle des unités, qui se déplace d'un chiffre tous les ans, emploie donc 10 ans à faire son tour.

« Le cercle des dizaines, ne se déplaçant que tous les 10 ans d'un chiffre, met ainsi 100 années à accomplir une révolution entière.

« Par des combinaisons analogues, le troisième cercle, celui des centaines, ne reste pas moins de 1,000 années à remplir sa destination.

« Et enfin le dernier cercle, qui exprime les mille, n'achèvera son tour que dans un laps de 10,000 ans.

« Arrivé à cette époque, la marche du mécanisme du comput ne se trouvera point interrompue, vu que le principe d'après lequel il a été composé n'a point de limites ; seulement toutes les combinaisons possibles des 4 chiffres du millésime seront épuisées ; pour aller au delà de l'année 9999, il suffira de placer le chiffre 1 devant le cercle des mille, l'on obtiendra ainsi la série des 10,000 années suivantes ; puis de le remplacer par le chiffre 2, à l'effet d'avoir une nouvelle série comprenant les années de 20,000 à 30,000, et continuer de même tous les dix mille ans, si toutefois la matière peut résister pendant un laps de temps aussi prodigieux.

« 2. Le cycle solaire est une révolution de 28 ans, après laquelle les jours du mois reviennent aux mêmes places que les jours des semaines. Cette période a reçu le nom de cycle solaire, parce qu'elle était anciennement destinée à trouver le jour du soleil ou le dimanche.

« 3. Le cycle lunaire est une révolution de 19 ans, pendant laquelle, suivant l'assertion des anciens astronomes, les nouvelles et les pleines lunes devraient se reproduire dans le même ordre et aux mêmes jours que 19 années auparavant. Ce cycle est encore appelé Nombre d'or, parce que, lors de sa découverte en 432 avant l'ère chrétienne par l'Athénien Méton, les Grecs assemblés aux Jeux olympiques décidèrent que les chiffres qui l'expriment seraient gravés en caractères d'or sur les édifices publics.

« Le cycle solaire n'est exact que pour le calendrier Julien ; en effet, il se trouvera interrompu chaque fois que l'année séculaire ne sera pas bissextile ; d'une autre part le cycle lunaire est en défaut d'un jour tous les 304 ans environ : ces irrégularités sont prévues dans l'horloge, le mécanisme du comput renfermant toutes les modifications introduites par le calendrier grégorien et toutes les équations lunaires nécessaires à leur rectification.

« 4. L'indiction romaine est une révolution de 15 ans, qui, avec les cycles solaire et lunaire, sert à la détermination de la grande période julienne.

« Sous le grand Constantin et sous ses successeurs on employait, dans les tribunaux et dans les perceptions, ce cycle, de 15 ans ; c'étaient des espèces d'ajournements qui commençaient au 20 septembre de l'an 312 de notre ère. Ces indictions sont encore usitées dans les actes de la cour de Rome et dans ceux du sénat de Venise.

« 5. Les lettres dominicales sont celles qui, dans les calendriers perpétuels, marquent les dimanches.

« A cet effet on emploie les sept premières lettres de l'alphabet pour désigner les jours de la semaine et successivement le dimanche ; ces lettres, qui sont arrangées pour une année commune ou de 365 jours, changent chaque année en rétrogradant d'un rang ; car l'année ayant un jour de plus que 52 semaines, deux années consécutives ne pourront jamais commencer par le même jour.

« Les années bissextiles ont deux lettres dominicales, dont la première sert depuis le commencement de l'année jusqu'à la fin du mois de février, et dont l'autre est en fonction depuis le 1ᵉʳ mars jusqu'au 31 décembre.

« 6. Les épactes, ainsi nommées d'un mot grec qui signifie surajouter, indiquent le nombre de jours qu'on ajoute à l'année lunaire qui n'est que de 354 jours environ, pour l'égaler à l'année civile, composée de 365 ; ce nombre, qui le plus souvent est de 11 jours, est l'épacte de l'année, dont il marque l'âge de la lune au 1ᵉʳ janvier.

« Cette période est loin d'être régulière ; elle éprouve une exception dans les années séculaires qui ne sont pas bissextiles ; elle peut ainsi devenir 10 dans quelques cas, et 12 dans d'autres ; elle peut, en outre, être interrompue par la condition du nombre d'or. Outre ces exceptions, les épactes sont encore sujettes à d'autres irrégularités, qui toutes ont été introduites dans le mécanisme du comput.

« 7. Enfin le jour de Pâques, d'où dépend la majeure partie des fêtes mobiles de l'année, est obtenu en fonction des éléments du comput ; la détermination de cette grande fête a été réglée dans le concile de Nicée tenu en 325 : suivant les décisions de ce grand synode, la Pâques chrétienne doit se célébrer le premier dimanche après la pleine lune qui suit l'équinoxe du printemps.

« Cette solennité ne peut donc arriver ni plus tôt que le 22 mars, l'équinoxe étant fixé au 21, ni plus tard que le 25 avril : en effet, si la pleine lune tombe le 20 mars, auquel cas elle n'est point pascale, la pleine lune suivante aura lieu le 18 avril ; or, si ce jour est un dimanche, Pâques ne pourra être célébré que le dimanche d'après qui correspond au 25 avril.

« Quoique cette fête ne puisse tomber que sur 35 jours différents, il s'en faut que le retour en soit périodique, c'est-à-dire qu'elle se reproduise dans un ordre déjà parcouru.

« Chaque année, le 31 décembre, à minuit, le comput ecclésiastique se trouvera dégagé par l'horloge, pour se mettre en mouvement et déterminer toutes les indications des cycles relatifs à la nouvelle année. Ces indications étant obtenues, elles servent à régler d'elles-mêmes le mécanisme principal du comput, de manière à fixer le jour de Pâques pour cette même année. Cette fête, au lieu d'être représentée sur le comput, est immédiatement transmise au calendrier, où elle sert de véhicule aux autres époques variables de l'année qui sont dans sa dépendance.

« VI. Le mécanisme placé à côté du calendrier et à la droite du spectateur porte l'inscription : *équations solaires et lunaires*. Cette portion, l'une des plus remarquables de l'horloge, sert 1° à opérer la conversion du temps moyen en temps vrai pour le soleil ; 2° celle de la longitude moyenne de la lune en sa longitude vraie ; 3° enfin celle des nœuds de la lune pour obtenir la latitude de cet astre ; ces conversions s'opèrent à l'aide de plusieurs organes mécaniques dont les uns sont relatifs au soleil et dont les autres, en plus grand nombre, concernent la lune et reproduisent la majeure partie de ses irrégularités.

« En effet, d'une part la lune ne gravite pas seulement vers la terre, elle tend encore vers le soleil; d'une autre part elle ne décrit pas seulement un cercle, mais une orbite d'une forme elliptique très-irrégulière et très-variable, laquelle orbite est de plus inclinée sur le plan de l'écliptique; d'une autre part encore, la terre n'est pas au centre de cette orbite, mais dans un des foyers; enfin l'action du soleil, qui tend plus ou moins à écarter la terre et la lune, varie encore suivant que notre globe et le satellite, qu'il entraîne dans sa révolution, s'approchent ou s'éloignent du soleil; par toutes ces causes, on peut comprendre que le mouvement de la lune doit être tantôt accéléré, tantôt retardé.

« Les principales de ces irrégularités sont représentées par les équations suivantes :

« 1. l'Équation du centre ;

« 2. l'Évection ;

« 3. la Variation ;

« 4. l'Équation annuelle ;

« 5. la Réduction ;

« 6. ainsi que l'Équation relative aux nœuds de la lune.

« Les mécanismes de ces équations sont visibles derrière une belle glace; un mécanisme plus remarquable encore, lequel se trouve placé dans l'intérieur de l'horloge, est destiné à convertir en ascension droite de la lune la longitude vraie, obtenue par toutes les équations relatives à cet astre.

« L'équation du temps est produite par l'anomalie pour obtenir la longitude vraie, laquelle à son tour est convertie en ascension droite vraie.

« Les mécanismes qui constituent cette partie de l'horloge ont permis, par leur exécution parfaite, d'arriver à la représentation des mouvements apparents du soleil et de la lune avec une précision réellement remarquable, et cela pour un temps indéfini; ces mécanismes agissent par leurs résultantes sur le temps apparent, en faisant entrer dans les indications de ce temps les irrégularités ou perturbations, auxquelles le soleil et la lune sont assujettis.

« VII. La partie qui surmonte le calendrier est consacrée aux *jours de la semaine*.

« Au milieu de nuages on voit apparaître, sur une saillie en forme de voûte céleste, chacune des sept divinités païennes dont les noms ont été donnés aux anciennes planètes; ces figures allégoriques se montrent assises dans des chars aux formes à la fois gracieuses et variées, les roues portent le nom de la divinité et celui du jour; ces chars, traînés par les différents animaux qu'on donne pour attributs à chacune de ces divinités, roulent sur un chemin de fer circulaire, en suivant un mouvement continu.

« Le dimanche l'on voit Apollon ou Phébus, le dieu du jour, sur un char radieux emporté par les chevaux du soleil.

« La chaste Diane, emblème de la lune, fait son apparition le lundi, assise dans un char attelé d'un cerf au pas timide.

« Elle est suivie de Mars, du terrible Dieu de la guerre, dont le char, entraîné par un coursier fringant, est prêt à voler au combat.

« Mercure, le subtil messager des dieux, portant à la fois le caducée et la bourse, se fait voir au milieu de la semaine.

« Jupiter, armé de la foudre, quoique le maître des dieux et le souverain de l'Olympe, n'a son tour que le jeudi.

« Le vendredi est consacré à Vénus, la déesse de la beauté ; elle se montre, accompagnée de son fils Cupidon, dans un char léger et coquet, traîné par de tendres colombes.

« Enfin le samedi, c'est le tour de Saturne ; ce dieu, armé d'une faux et sur le point de dévorer un enfant, symbolise le temps qui dévore tout et auquel rien ne résiste.

« Aux deux côtés de la saillie consacrée aux divinités de la semaine, se détachent d'une manière heureuse, et comme correctif religieux, plusieurs peintures de Tobias Stimmer ; elles nous montrent les grandes scènes de la création, de la résurrection, du jugement dernier, et du triomphe final de la foi et de la vertu. L'on admire encore les deux tableaux de la Religion et du Péché, représentés sous les traits de deux jeunes femmes dont la première, à l'air virginal, est tout occupée de son salut, tandis que la seconde, plongée dans le vice, a déjà beaucoup perdu de sa fraîcheur ; ces belles peintures se trouvent accompagnées des différents versets de la Bible qui ont rapport à ces sujets.

« VIII. Nous arrivons maintenant à la galerie aux lions, ainsi nommée, parce que les deux extrémités de cette galerie ou balcon sont gardées par deux de ces superbes animaux, l'un tenant dans ses griffes l'écusson, et l'autre le cimier des armes de la ville de Strasbourg. Ces lions, sculptés en bois massif, proviennent de l'ancienne horloge, où ils n'ont jamais eu de mouvement et où ils n'ont jamais fait entendre le moindre bruit, quoique certaines personnes aient pu croire qu'ils rugissaient ; une pareille mélodie aurait été à la fois désagréable et fort inconvenante dans l'intérieur d'une église.

« Le milieu de cette galerie est occupé par un petit cadran destiné à l'indication du *temps moyen*, c'est-à-dire du temps qui est composé d'heures, toutes d'une égale durée, tenant le milieu entre les heures vraies ou solaires les plus longues et les heures vraies les plus courtes.

« Le moteur central de l'horloge communique directement aux aiguilles du *temps moyen* le mouvement qui les anime; tandis que les deux autres temps dont nous avons déjà parlé, savoir : le temps sidéral et le temps apparent, ne fonctionnent que par l'intermédiaire de mécanismes particuliers propres à modifier la vitesse du mouvement qui leur est transmis par le moteur central, moteur qui ne se remonte qu'une fois tous les 8 jours et qui est seul et unique pour toute l'horloge.

« IX. Sur la galerie aux lions se trouvent encore deux génies assis aux côtés du cadran du temps moyen.

« Le génie placé à la gauche du spectateur tient d'une main un sceptre et porte dans l'autre un timbre, sur lequel il frappe le premier coup de chaque quart d'heure, le second étant répété, ainsi que nous le verrons de suite, par l'un des quatre âges que nous trouverons plus haut. On dirait, à voir l'air soucieux de ce génie, qu'il est pénétré de la gravité de ses fonctions, étant chargé de donner aux quatre âges le signal, chaque fois qu'ils doivent paraître.

« Le génie, assis de l'autre côté, tient des deux mains une clepsydre remplie de sable rouge, qu'il retourne chaque heure tantôt d'un demi-tour à droite, tantôt d'un demi-tour à gauche. Il produit ce mouvement d'une manière aussi gracieuse que naturelle, chaque fois au dernier coup des quatre quarts, un instant avant que la Mort ne sonne les heures.

« X. L'étage au-dessus de la galerie aux lions est en majeure partie occupé par un *planétaire* construit d'après le système de Copernic.

« Les révolutions des planètes visibles à l'œil nu sont reproduites sur un grand cadran dont le fond azur imite la couleur du ciel, prise à une très-grande hauteur. Un disque doré, représentant le soleil, occupe la partie centrale du planétaire; ce disque n'est soutenu par aucun support; de son centre partent douze rayons qui aboutissent aux signes du zodiaque, peints sur la circonférence du cadran. Sept petites sphères dorées, ayant différentes nuances imitant celles des planètes, et ayant des diamètres en rapport avec les dimensions apparentes de ces corps célestes, se meuvent dans l'ordre de leurs positions autour du soleil, qui reste immobile à sa place.

« Tout proche de cet astre l'on voit Mercure parcourir son orbite en environ 88 jours ; immédiatement après vient Vénus, l'étoile du matin, pour l'éclat la plus belle des planètes, dont une révolution entière s'accomplit en environ 225 jours.

« La Terre, qui occupe la troisième place, achève sa course en 365 jours, 5 heures, 48 minutes et 48 secondes.

« Au delà de notre globe ce sont Mars, la première des planètes dites supérieures par opposition aux deux précédentes, qui sont appelées inférieures, comme se trouvant entre le Soleil et la Terre ; Mars, à la couleur rougeâtre, accomplit sa révolution en environ 687 jours. Jupiter, qui vient après, effectue la sienne à peu près en 4330 jours. Enfin Saturne, la dernière des planètes visibles à l'œil nu, ne met pas moins de 10747 jours à son voyage autour du soleil.

« Fidèle interprète des mouvements que chacune des planètes a dans le système céleste, le planétaire reproduit en outre la révolution du satellite de la Terre, et l'on voit ainsi notre globe continuer à parcourir son orbite, pendant que la Lune tourne en même temps autour de lui, en faisant une révolution entière dans l'espace du mois lunaire.

« Aux quatre angles du planétaire sont peintes, d'une manière bien expressive, les saisons de l'année, figurées par les quatre âges de l'homme.

« XI. Au-dessus du planétaire l'on voit, sur un ciel étoilé, un globe spécialement destiné à rendre visibles les *phases de la lune*. En tournant sur son axe, ce globe, qui est incliné, s'éclaire et s'obscurcit suivant les différentes apparences qu'il doit montrer pendant la durée d'une lunaison.

« Dans la Néomanie ou nouvelle lune, ce globe nous montre sa partie obscure et rend ainsi la Lune invisible à nos yeux ; au bout de vingt-quatre heures environ l'on commence à apercevoir une légère portion, un filet de lumière qui, s'agrandissant peu à peu, finit, le septième jour, par devenir le premier quartier ; les jours suivants, la portion éclairée augmente jusqu'à nous présenter toute sa moitié brillante, c'est-à-dire jusqu'à devenir pleine lune. En continuant de tourner sur son axe, le globe perd à nos yeux son volume lumineux ; la partie brillante diminue graduellement, et au bout de 7 jours ne nous montre plus que la moitié de l'hémisphère éclairé ; après ce dernier quartier le disque lumineux finit par disparaître complétement, au moment où la Lune a terminé sa révolution synodique, ou qu'elle est revenue à la même situation par rapport au Soleil. En effet, la Lune, après avoir fait le tour de la Terre en vingt-sept jours et demi, a encore besoin d'environ deux jours pour se retrouver en face du Soleil et en conjonction avec cet astre.

« Au-dessus de l'espace réservé à la Lune, on lit une inscription latine qui peut se traduire ainsi :

« Qu'est-ce qui est semblable à l'aurore, beau comme la lune et rayonnant « comme le soleil? »

« A la même hauteur sont deux peintures, dont l'une, sous les traits d'une femme, représente l'Église chrétienne avec ces mots :

« *Ecclesia Christi exulans.*

« L'autre, sous la forme hideuse d'un dragon à sept têtes, fait voir l'Antechrist avec l'exergue :

« *Serpens Antiquus Antichristus.*

« Non loin de là se trouvent les deux dates

« MDCCCXXXVIII et MDCCCXLII.

« La première indique l'année où furent commencés les travaux mécaniques de l'horloge, et la seconde, celle où cette œuvre a marché pour la première fois.

« Aux deux côtés de l'hémicycle qui surmonte ces peintures, l'on voit sculptés dans la pierre, à droite un griffon, à gauche un animal fantastique moitié lion, moitié ours, soutenant des écussons.

« XII. Viennent ensuite les statuettes mobiles ou automates qui ont plus spécialement le privilége d'attirer l'attention de la foule.

« Ces automates font leurs apparitions dans deux compartiments distincts, représentant l'un et l'autre des salles à arcades ogivales; les quatre âges de la vie humaine et la mort, qui sont chargés de sonner les quarts et les heures, occupent la partie inférieure.

« Quatre figurines, dont les mouvements imitent la nature, paraissent alternativement pour sonner les quarts d'heure, dont il ne font entendre que le second coup, le premier étant frappé par le génie au sceptre que nous avons trouvé sur la galerie aux lions.

« A chaque heure, l'enfant ouvre la marche et annonce le premier quart au moyen d'un thyrse qu'il laisse tomber sur un timbre; il est suivi de l'adolescent qui, sous les traits d'un chasseur, frappe avec sa flèche la demi-heure; vient ensuite l'homme sous la figure d'un guerrier, bardé de fer et armé d'un glaive, dont il se sert pour faire entendre les trois quarts; enfin, un instant avant que l'heure sonne, on voit arriver le vieillard qui, chaudement enveloppé et la tête déjà penchée, s'appuie sur la crosse de sa béquille, avec laquelle il sonne les quatre quarts.

« Chacune de ces figurines, en sortant de sa loge, fait deux pas pour s'approcher d'un timbre suspendu tout auprès; arrivée là, elle y reste le temps nécessaire pour frapper le nombre de coups voulu, après quoi elle disparaît pour faire place à l'automate suivant.

« La Mort, armée d'une faux, se tient sur un socle au milieu de la salle réservée aux quatre âges; l'on voit, au passage de chaque heure, cette figure hideuse laisser gravement tomber sur le timbre à sa droite l'os qu'elle porte à la main. Infatigable, elle veille jour et nuit, en sonnant les heures sans relâche aucun; les quatre âges, au contraire, symboles des mortels, ne fonctionnent que pendant la durée du jour.

« XIII. La salle supérieure, plus richement décorée, est occupée par la figure de Jésus-Christ, qui trône au milieu. Placé sur un piédestal, le Sauveur du monde tient d'une main la bannière de la rédemption, et étend l'autre pour donner la bénédiction. Chaque jour, à l'instant où la Mort a frappé le dernier coup de midi, l'on voit passer aux pieds du Christ ses disciples, au nombre de douze, savoir : Pierre, Jean, Jacques majeur, André, Barthélemi, Philippe, Simon, Jacques mineur, Matthieu, Thomas, Jude et Mathias.

« Chacun des douze apôtres, portant l'instrument de son martyre ou l'attribut qui le fait distinguer, s'avance respectueusement; arrivé devant son divin maître, il se retourne vers lui et incline sa tête en signe de salutation; il s'éloigne ensuite, après avoir reçu la bénédiction qui est semblable à celle qu'Abraham a dû donner à Isaac, lorsque ce patriarche est allé dans la terre promise; ce n'est qu'après le départ du dernier apôtre que le Christ donne la bénédiction en forme de croix.

« Quoique des personnes croient avoir vu les apôtres dans l'ancienne horloge, cette procession biblique n'a cependant jamais existé dans l'œuvre de Dasypodius. Au lieu de cette belle scène, l'on voyait le Christ placé en regard de la Mort, laquelle à chaque heure faisait reculer son divin antagoniste.

« XIV. Durant la marche des apôtres, le coq, perché au sommet de la tourelle aux poids, entonne son chant de victoire ; mais, avant de se faire entendre, il bat des ailes, sa tête, sa queue s'agitent, et son cou se gonfle pour laisser échapper les sons.

« Le coq a été exécuté d'après nature, il est aussi grand que celui qui a figuré aux deux anciennes horloges ; tous les jours, à midi, il chante trois fois en mémoire du chant qui retentit aux oreilles de Pierre dans le prétoire, après que cet apôtre eut renié son maître.

« XV. Le dôme, qui couronne le cabinet de l'horloge, est remarquable autant par l'élégance de sa forme que par la richesse de ses ornements. Le centre en est occupé par la statue du prophète Isaïe, due au ciseau de notre célèbre sculpteur M. Grass.

« Autour d'Isaïe l'on voit groupés les évangélistes saint Matthieu, saint Marc, saint Luc et saint Jean, accompagnés des différents animaux qu'on leur donne pour attributs. Un peu plus haut se trouvent quatre séraphins, qui, sur différents instruments, célèbrent la gloire de Dieu. Enfin le dôme est surmonté du héraut de l'association des tailleurs de pierres de la cathédrale, avec les armoiries de l'Œuvre Notre-Dame.

« XVI. La tourelle aux poids, dont la coupole est surmontée du coq, offre à nos regards plusieurs peintures provenant de l'ancienne horloge. La première, en descendant, représente Uranie, celle des neuf muses qui préside à l'astronomie ; on la voit sous les traits d'une jeune fille vêtue d'une robe couleur d'azur et couronnée d'étoiles, tenant d'une main un globe et de l'autre un compas.

« La seconde est le colosse allégorique des quatre monarchies, mentionné dans le chapitre VII du prophète Daniel ; il est représenté sous la figure d'un guerrier à tête couronnée et portant d'une main un sceptre. Enfin la troisième nous fait voir le portrait de Nicolas Copernic, auquel plusieurs auteurs ont attribué la construction de l'horloge du XVIe siècle, quoique ce célèbre astronome n'ait jamais été à Strasbourg, et que cette œuvre ait été commencée trente ans seulement après sa mort.

« Sur la face de la tourelle, vers le chœur, sont peintes les trois Parques : Clothon tenant la quenouille, Lachésis tournant le fuseau, et l'impitoyable Atropos, qui tranche le fil avec les ciseaux.

« Sur l'un des panneaux de la face opposée, l'on a peint les attributs des divers métiers qui ont concouru à l'érection de l'horloge.

« XVII. A la droite du spectateur est un escalier à limaçon qui sert à la fois à conduire dans les différents étages de l'horloge, où se trouvent les moteurs, et à donner accès sur le petit balcon, d'où l'on peut voir l'extérieur du monument et juger de toute son élévation, laquelle n'est pas moindre de 20 mètres.

« De ce petit balcon l'on arrive à un autre escalier d'une exécution remarquable par sa légèreté; cet escalier, construit en fer, mène au cadran gothique qui fait face au Château royal.

« XVIII. Au-dessus du portail, là où se trouvait le grand cadran destiné à transmettre sur la place de la cathédrale la marche de l'horloge, l'on voit aujourd'hui un beau cadran d'un style gothique, encastré dans les ornements qui ont servi autrefois, et surmonté d'une galerie en pierre, l'une des plus belles de l'édifice. Ce cadran, dont la circonférence est d'environ 16 mètres, est muni de deux aiguilles aux formes également gothiques, servant à indiquer l'une les heures et leurs subdivisions de 5 en 5 minutes en temps moyen, l'autre les jours de la semaine ainsi que les signes planétaires qui y correspondent.

« XIX. Comme le bâtiment de la cathédrale n'est pas strictement orienté, il a été possible d'établir une méridienne dans l'intérieur de l'église, à proximité de l'horloge. La ligne du midi, placée contre le mur d'entrée, se trouve éclairée par le rayon solaire qui traverse le gnomon appliqué au-dessus de la porte ; l'on peut ainsi comparer de la manière la plus commode la marche de l'horloge avec la marche irrégulière du soleil, puisque d'un même coup d'œil on embrasse à la fois et les indications reproduites par le moteur et celles de l'astre qui sert à les contrôler.

« L'on a profité des enfoncements qui se trouvent dans le mur, non loin de la méridienne, pour y placer deux tables, dont l'une porte en caractères d'or les noms des autorités sous l'administration desquelles l'horloge a été terminée, tandis que l'autre fait connaître les principaux mécanismes dont se compose cette œuvre.

« XX. Les moteurs qui accomplissent les différentes fonctions de l'horloge, sont établis dans les cabinets du rez-de-chaussée et des deux étages, où, par l'intermédiaire de transmissions, ils reçoivent le mouvement imprimé par le moteur central, lequel, ainsi que nous l'avons dit, est seul et unique pour toute l'horloge.

« Ce moteur central, dont l'exécution porte l'empreinte de la dernière précision, dépend d'un régulateur qui bat les secondes et qui lui-même est réglé par un pendule compensateur et un échappement garni en pierres fines ; ce moteur, malgré la petite force motrice qui le fait agir, et malgré qu'on ne le remonte que tous les huit jours une fois, communique le mouvement

« 1° Aux aiguilles du cadran du temps moyen ;

« 2° A celles du grand cadran gothique ;

« 3° Au planétaire ;

« 4° A la lune pour la représentation de ses phases ;

« 5° Aux sept figures de la semaine ;

« 6° Aux aiguilles du cadran du temps apparent ;

« 7° Aux équations solaires et lunaires ;

« 8° Et enfin à la sphère céleste pour l'indication du temps sidéral.

« Il produit en outre, à l'aide d'un mécanisme particulier, la suspension des fonctions des quatre âges pendant la nuit et la reprise de leur marche durant le jour.

« Les autres moteurs, au nombre de cinq, destinés à faire mouvoir les automates et à produire les différentes sonneries, sont dans la dépendance l'un de l'autre au moyen de transmissions d'une conception aussi simple qu'ingénieuse.

« Ainsi, quand l'heure doit sonner, le moteur central détend le second moteur (ou rouage des quatre âges) ; celui-ci, à son tour, transmet le mouvement au troisième rouage, c'est-à-dire à la sonnerie des quarts, qui, de son côté, aussitôt que les quarts sont frappés, reporte le mouvement au second moteur pour faire fonctionner les automates. Quand ce rouage a fini d'agir, il communique le mouvement au quatrième pour opérer la sonnerie des heures.

« De plus, à midi, un cinquième rouage, celui des apôtres et du coq, reçoit directement l'impulsion du moteur des heures.

« Ces différentes transmissions d'un moteur à l'autre, ainsi que leur dégagement, s'opèrent sans la moindre incertitude et sans le moindre bruit.

« Tout en assurant la sûreté et l'exactitude dans les fonctions des nombreux mécanismes et dans leurs diverses transmissions, l'on n'a pas sacrifié l'élégance des formes et l'harmonie des dispositions; aussi les moteurs et le mécanisme, pris soit isolément soit dans leur ensemble, présentent un arrangement fort agréable à la vue.

« Il est à remarquer qu'il n'entre dans la construction de l'horloge aucune pièce de bois ou d'une autre matière se détériorant facilement; l'on a toujours fait choix des métaux qui présentent le plus de dureté, et qui garantissent ainsi la conservation de l'œuvre.

« Cette horloge, fruit de calculs immenses, de recherches laborieuses, et de travaux ardus, n'est donc point, comme bien des personnes ont pu le croire, une simple restauration, c'est une œuvre toute neuve et d'invention et d'exécution, une œuvre qui marque avec la même exactitude des secondes et des périodes dépassant 25 mille années. »

L'HORLOGE DE LYON

L'horloge de Lyon, faite en 1598 par Nicolas Lyppyus, de Bâle en Suisse, acquit une célébrité aussi grande que celle de Strasbourg. Moins compliquée que cette dernière, elle était beaucoup mieux exécutée. Quelques années plus tard, elle fut réparée et notablement augmentée par Nourrisson, habile horloger lyonnais. Dumont, qui a vu cette horloge vers le milieu du XVII⁰ siècle, en donne la description suivante :

Description de l'horloge de Lyon

« La première chose que l'on remarque dans cette horloge, c'est un grand astrolabe dans lequel les mouvements des cieux sont si bien représentés, que l'on y peut reconnaître distinctement et exactement le cours des astres, et généralement l'état du ciel à chaque heure du jour. Le soleil y paraît sur le zodiaque dans le degré du signe où il doit être, et marque journellement son lever et son coucher, la longueur des jours et des nuits, et même la durée des crépuscules, avec une justesse surprenante. La lune, qui n'y paraît jamais éclairée que du côté qui regarde le soleil, marque par là, aussi bien que par l'aiguille, son âge, son accroissement et décroissement insensibles, et enfin sa plénitude.

« Non-seulement les douze maisons du ciel y sont très-nettement distinguées, mais aussi la division des jours en douze parties égales, qui sont les heures inégales des Juifs par lesquelles ils avaient accoutumé de compter, comme il paraît par plusieurs passages de l'Écriture sainte.

« Une grande alidade qui traverse tout cet astrolabe représente le premier mobile, donne le mouvement du soleil dans l'écliptique, et, marquant de ses extrémités les vingt-quatre heures du jour, indique en même temps le mois et le jour courants, aussi bien que le degré du signe que le soleil parcourt ce jour-là. Mais ce qu'il y a de plus admirable, c'est que, pendant que cette alidade achève en vingt-quatre heures son mouvement d'orient en occident, tout le système et chacune de ses parties conserve ses mouvements, et toutes les révolutions particulières s'achèvent, chacune en son temps, sans désordre ni confusion.

« La plupart des étoiles fixes sont posées tout à l'entour dans leur véritable situation, de sorte qu'on peut voir à toute heure celles qui sont dessus et dessous l'horizon. Au-dessus de cet astrolabe merveilleux, il y a un calendrier pour soixante-six ans, qui marque les années depuis la naissance de Notre-Seigneur Jésus-Christ, le nombre d'or, l'épacte, la lettre dominicale, les fêtes mobiles, et le tout change dans un moment, le dernier jour de l'année, à minuit.

« On y voit encore un almanach perpétuel qui marque les jours du mois, les ides, les nones, les calendes, les fêtes du jour, l'office que l'on doit lire dans l'église et le cycle des épactes. Enfin on peut dire que cette horloge est un vrai microcosme (monde en abrégé).

« Il est vrai qu'une partie de tout cela, se voit à l'horloge de Strasbourg, et qu'il y a de plus des figures qui sonnent les heures en passant par une petite galerie et frappant chacune un coup sur le timbre; mais en récompense, on trouve en celle-ci des mouvements qui lui sont particuliers, et qui ne se voient, que je sache, en aucune autre du monde.

« Aussitôt que le coq a chanté, les anges qui sont dans la frise du dôme entonnent l'hymne de Saint-Jean-Baptiste : *Ut queant laxis*, en sonnant de petites cloches qui y sont déposées exprès, ce qu'ils font avec une justesse qui donne du plaisir.

« Une autre singularité qui n'est pas moins remarquable, c'est celle des jours de la semaine ; ils sont représentés par des figures humaines placées daus des niches où elle se succèdent les unes aux autres régulièrement à minuit.

La première figure, qui représente le dimanche, est un Christ ressuscité avec ce mot au-dessous : *Dominica ;* la seconde est une Mort, *Feria secunda ;* la troisième est un Saint-Jean-Baptiste, *Feria tertia ;* la quatrième un Saint-Étienne, *Feria quarta ;* la cinquième, un Christ qui soutient une hostie, *Feria quinta ;* la sixième, un Enfant qui embrasse une croix, *Feria sexta ;* et la septième, une Vierge parce que ce jour lui est consacré, *Sabbatum.* C'est ainsi que l'ingénieur de cette horloge a exprimé les jours de la semaine pour suivre en cela la coutume de l'Église romaine, qui ne les appelle pas comme nous, lundi, mardi, mercredi etc., mais *Feria secunda, tertia, quarta, etc.*

« Tout cela comme vous voyez est fort curieux, ou, pour mieux dire, fort admirable, mais beaucoup moins encore que ce que je vais vous dire. Au côté droit de l'horloge, il y a un autre cadran pour les heures et les minutes, dont la forme étant tout à fait ovale, il faut que l'aiguille qui indique s'allonge et s'accourcisse de cinq pouces à chaque bout, et cela deux fois par heure : ce qui jette dans l'admiration tous ceux qui se donnent la peine d'examiner son mouvement.

« Je n'entrerai pas dans un plus grand détail, parce que insensiblement la description de cette horloge nous mènerait trop loin ; ce que je viens de dire suffit pour faire voir de combien elle l'emporte sur celle de Strasbourg. »

L'horloge de Saint-Jean de Lyon donna lieu à une fable à peu près semblable à celle qu'a produite Rocca au sujet de l'horloge de Strasbourg. Le peuple avait la ferme croyance que Lyppyus fut mis à mort après avoir achevé son chef-d'œuvre. Cette tradition s'est maintenue jusqu'à notre dix-neuvième siècle ; et il n'est pas rare d'entendre encore aujourd'hui à Lyon d'ignorantes vieilles femmes ou d'infimes ciceroni affirmer l'authenticité de cet inqualifiable assassinat. Nous ne chercherons pas à prouver l'absurdité d'une telle fable ; nos lecteurs savent bien que, même au XVIᵉ siècle, on ne tuait pas les gens pour *crime de chef-d'œuvre.* Si, vers la même époque, l'horloger Clavelé fut brûlé vif, ce n'est pas parce qu'il avait fabriqué la première horloge en bois : on s'est plu à en faire un sorcier, uniquement parce qu'il était calviniste. Quant à Lyppyus, bien loin de le faire mourir injustement, on le combla d'honneurs ; la ville lui fit une pension considérable dont il jouit jusqu'à sa mort. Son portrait se vendait publiquement comme celui des rois et des princes. Au bas de cette image du savant horloger, on lisait cette inscription : Nicolaus Basiluus Ætat. 32. A. 1598.

A toutes les horloges déjà citées, il faut ajouter celles de Saint-Lambert de Liége, de Nuremberg, d'Augsbourg, de Bâle, et enfin celle de Médina-del-Campo.

CHAPITRE IV

DES HORLOGES PORTATIVES, MONTRES ET PENDULES

Les premières horloges à poids et contre-poids, destinées à donner l'heure dans les appartements parurent en France, en Italie et en Allemagne vers le commencement du xiv° siècle. Elles furent d'abord un objet de curiosité, et leur prix exorbitant les rendit accessibles seulemen aux grands seigneurs et aux riches citadins. Plus tard, elles devinrent plus communes; et alors elles ornèrent les cellules des moines, les cabinets des savants et les salons de la bourgeoisie. Ces horloges se suspendaient ordinairement contre les murs des appartements, dans les dortoirs ou chambres à coucher. On les plaçait aussi sur des piédestaux en bois sculpté, lesquels étaient vides intérieurement pour le libre passage des poids ou plombs. Dans l'inventaire de Charles V, il est fait mention d'une de ces petites horloges dont toutes les pièces étaient en argent richement ciselé. Ce chef-d'œuvre d'art et de mécanisme avait appartenu à Philippe le Bel, qui l'avait acquis d'un habile ouvrier de Wurtemberg. (Voy. l'inventaire de Charles V, Bibl. nat.)

L'époque de Charles VII, signalée par tant de graves événements politiques, fut cependant fertile en belles inventions dans les sciences. L'horlogerie lui doit celle du ressort-spiral, autrement dit le grand ressort, lequel est une lame d'acier très-mince, qui étant roulée sur elle-même dans un tambour ou *barillet*, produit en se détendant par sa force élastique, l'effet du poids moteur sur un rouage. Ce ressort pouvant agir dans un espace très-étroit, permit de faire de très-petites horloges. On en voyait, sous Louis xi, qui n'étaient pas plus grosses que nos pendules de voyage.

Carovagius et plusieurs autres horlogers du xve siècle en fabriquèrent un certain nombre à quantième, à sonnerie et à réveille-matin.

Il est difficile de constater l'époque précise de l'invention des montres proprement dites. Pancirole assure que dans son temps, vers le déclin du quinzième siècle, on en faisait qui n'étaient pas plus grosses qu'une amande; Myrmécide est cité comme un des ouvriers qui s'illustrèrent dans ce genre de travail. Carovagius, dit du Verfdier, n'était pas moins habile que Myrmécide; il exécuta, pour André Alciat, un *réveil* d'une beauté incomparable : ce *réveil* sonnait l'heure marquée, et du même coup battait le fusil et allumait une bougie. Nous n'avons pas de raisons pour douter de la véracité de Pancirole et de du Verfdier, dont les assertions ont été recueillies dans l'Encyclopédie des sciences; et nous croyons qu'en effet il existait des montres, fort bien travaillées et pourtant très-petites, en France, dès la fin du règne de Louis XI.

Ayant étudié, comme nous l'avons fait, l'horlogerie du xvie siècle, et pouvant apprécier l'habileté des horlogers de cette époque, nous ne regardons pas comme invraisemblable qu'il ait été offert au duc d'Urbin, Guid' Ubaldo della Rovere, en 1542, une montre à sonnerie, enchâssée dans une bague. On sait, du reste, qu'en 1575, Parker, archevêque de Cantorbéry, légua à son frère Richard, évêque d'Ély, une canne en bois des Indes, ayant une montre incrustée dans la pomme. Henri VIII possédait aussi une très-petite montre, qui marchait huit jours sans être remontée. Nous devons dire que, dans l'origine, la marche de ces petites horloges était fort irrégulière; mais, peu de temps après leur apparition en Europe, un ouvrier, dont le nom n'est pas connu, inventa la *fusée*. Cette pièce, de la forme d'un cône tronqué par le haut, servit à égaliser la force du ressort; à la base de cette fusée, était fixée une petite corde de boyau qui, se roulant en spirale jusqu'au sommet, venait s'attacher au *barillet*, dans lequel était renfermé le ressort.

Voici en quoi consiste l'excellence de cette invention. Lorsqu'une montre est remontée jusqu'à son dernier point, le ressort a acquis une force considérable, et il pourrait entraîner le rouage avec une grande rapidité; mais, à ce moment, la chaîne agissant sur le plus petit rayon de la *fusée*, c'est-à-dire au haut du cône, la force du moteur se trouve par là sensiblement diminuée. Si l'on suppose maintenant que la montre continue de marcher, il sera facile de se rendre compte de ceci : le ressort, en se détendant, perd progressivement de sa force; mais, la chaîne agissant simultanément sur les plus grands rayons du cône jusqu'à sa base, l'équilibre s'établit, et la puissance du moteur sur le rouage, et, en dernier lieu sur le balancier de la montre, reste uniforme.

L'inventeur de la *fusée* rendit donc un important service à l'horlogerie, puisque, par cette pièce, on peut égaliser la marche des petites horloges. Plus tard, un habile horloger genevois, nommé Gruet, inventa les chaînes en acier qui remplacèrent avantageusement les cordes de boyau dont on se servait exclusivement dans l'origine, et qui avaient le grave inconvénient de se resserrer par la sécheresse et de se détendre par l'humidité.

L'usage des montres se propagea rapidement en Europe. Sous le règne des Valois, il s'en fabriquait d'extrêmement petites. Les formes que les artistes adoptaient de préférence étaient celles de la coquille, de la croix pectorale, de la croix de Malte. On en faisait aussi de carrées, d'ovales, d'oblongues, d'octogones, de rondes, etc., etc. Les boîtes de la plupart de ces montres étaient en cristal de roche taillé à facettes, ou en argent doré, gravé, ciselé, émaillé. Les cadrans et même les aiguilles ne laissaient rien à désirer pour le fini de l'exécution et l'élégance de la forme.

Les petites horloges d'appartements étaient déjà très-compliquées sous Louis XII. Quelques-unes sonnaient les heures et les quarts. On y avait adapté, quoique dans un très-petit volume, les mouvements des astres, les cycles solaire et lunaire, le quantième du mois, etc.

Quelques historiens assurent que Charles-Quint, retiré dans le couvent de Saint-Yuste, s'occupait beaucoup de mécanique et d'horlogerie, aidé par Juanillo Turianus, célèbre horloger de l'époque. Rien ne prouve que cette assertion soit véritable; cependant il est bien certain que Charles-Quint aimait à s'entourer d'instruments propres à mesurer le temps. On sait aussi que ce monarque avait fait construire une horloge au-dessus d'une fontaine, elle occupait une place dans la grande cour du couvent; cette horloge était l'œuvre de l'horloger que nous venons de nommer, Juanillo, Italien d'origine. Nous donnons ici la description d'une horloge et de deux montres que possédait l'illustre rival de François Ier. Ces descriptions historiques *inédites* sont extraites textuellement d'un manuscrit de la Bibliothèque nationale de Paris (*Supplément français* 23,258, folio 767), renfermant une copie moderne authentique prise sur l'original, en français, de l'*Inventaire du trésor de Charles-Quint*, signé par l'empereur et par les commissaires qui firent ce travail en sa présence, l'an 1530. Cette copie, qui ne contient que des objets principaux, c'est-à-dire environ la moitié du trésor, faisait autrefois partie des archives de Flandre, à Lille. Voici ce curieux document (voyez le manuscrit, au folio 778, sous la rubrique ORLOGES GARNIZ D'OR.)

« *Un grant orloge quarré* à une cloche des eures sonnant, garny d'or, à personnaiges eslevez (*en relief*), assavoir : les trois costez de l'*Histoire de Hercules*, et le quatriesme costé tient la monstre ; lesdits quatre costez garniz pàr dedans de quatre platines de cuivre et entre l'or et le cuivre du chiment, ayant à chascune quarrure ung pilier d'or et sur chascun pillier ung enfant tenant chacun ung escusson des armes de Castille, Léon, Arragon et Navarre; la couvercle aussi d'or, armoyé des armes de l'Empereur et de testes d'anticailles, le dessus en fascon d'une lanterne, ayant sur le fertelet ung aigle à deux testes et une pièce quarrée d'or servant au pied de l'orloge pour soutenir et clore ledit orloge : pesant ladite garniture d'or, avecque les dites quatre platines de cuivre et de chiment, sans y comprendre l'orloge de fer, IX marcqs III onces IX estrelins et demy.

« *Ung autre orloge rond et plat qui ne sert que de monstre*, garny d'or, assavoir : le fond de l'*Histoire d'Hercules* a personnaiges *levez*, ayant les deux coulonnes et la devise de *plus oultre*, soubstenu sur sept petites testes, ung cercle d'or pour cloture dudit orloge esniellé, et le dessus aussi d'or servant pour la monstre aussi esniellé, lesdits trois pièces garnies par dedans de cuivre et chiment : pesant avec la monstre d'or, sans l'orloge et mouvement de fer, IV marcqs V onces XVII estrelins et demy.

« *Nota*. Donné à l'impératrix comme appert par lettres de Sa Majesté du XXe de décembre XVe XXXVIII.

« *Ung* autre *moindre orloge rond et plat qui ne sert aussi que de monstre*, garny d'or, assavoir : le cercle avecq la monstre tenant ensemble, ayant le dit cercle deux testes et ung annelet pour pendre, avec deux platines d'or, l'une servant pour couvrir la monstre ou est un enffant esniellé, et l'autre qui sert pour le fond esniellé d'aucuns personnaiges et bestes où est escript : *omnibus idem;* toute ladite garniture d'or pesant, sans l'orloge et mouvement de fer et sans le cercle de cuivre, I marcq V estrelins.

« *Nota*. Sa Majesté se sert continuellement de ceste orloge en sa chambre.»

J'ai recueilli un grand nombre de noms d'horlogers du XVIe siècle; je me bornerai à mentionner les plus célèbres; ce sont : Lazare, Servien d'origine ; Daniel Van (Amsterdam); Conrad, Kreinzer (Nuremberg); Gian Carlo (Reggio); Peters Hele (Nuremberg); Juanillo (Espagne); Antoine (Padoue); Jen Ventrossi (Florence); Myrmécides fils, Duboule, Rousseau, Pierre Portier, Gervais, Delorme, Étienne Maillard, Le Noir, Jolly, Binet, François,

Mallart, Roger, Marc Girard, Denis Bordier, Louis David, Régnier, Sennebier (Paris), Andréas Muller, Noël Cusin (Autun); Isaac Forfart (Sedan); Cuper, à Blois, où résident encore aujourd'hui quelques-uns de ses descendants; Jan Jacobs (Haerlem); Verner, auteur d'un ouvrage sur l'Horlogerie en 1544 (Augsbourg); Jacques Duduict (Blois); Legrand (Rouen); Rouhier (Dijon); Pierre Combat (Lyon); Anson, Adams, Greenill, Petterson (Londres); Weiz, Aller, Sache, Beschedt (Bruges), etc. Tous ces noms et beaucoup d'autres ne s'oublieront plus; ils sont gravés sur le cuivre et l'or; ils brillent sur quelques-unes des œuvres qui les immortalisent et que l'on conserve précieusement dans les musées et dans les collections particulières.

L'époque de Louis XIII fut le dernier reflet de la renaissance des arts en Europe. La décadence se faisait pressentir en Allemagne, en France et en Italie. L'Angleterre seule, quoique profondément ébranlée par de grands événements politiques et par la chute d'une tête royale, n'en continua pas moins à produire des pièces d'horlogerie comparables, sous bien des rapports, à celles du règne d'Élisabeth. On voit à Londres, dans plusieurs cabinets d'amateurs, des horloges portatives et des montres fabriquées sous Charles Ier, qui toutes sont remarquables par l'excellence du mécanisme et par la richesse des ciselures. Sous le même règne, ou pendant la dictature de Cromwel, des artistes anglais d'un véritable talent exécutèrent des horloges monumentales qui furent placées dans diverses églises de Londres, et dans les cathédrales d'Édimbourg, de Glascow, de Perth, de Dublin, de Douvres, etc. Le docteur Hélein cite particulièrement l'horloge de Saint-Dunstan, à Londres, et celle de la cathédrale de Cantorbéry.

Les horlogers français de la même époque se bornaient à imiter les ouvrages de leurs devanciers. Cependant, quelques années après la mort du cardinal de Richelieu, des artistes recommandables firent de louables efforts pour créer une ère nouvelle à l'horlogerie. Ils inventèrent des outils précieux pour la confection des pièces qui composent les rouages des montres et des horloges grosses ou petites. (On peut voir le détail de ces inventions dans l'excellent ouvrage de Thiout l'aîné.) La partie purement mécanique de l'art s'améliora donc quelque peu sous certains rapports; mais la forme extérieure, l'élégance et la pureté du dessin, l'originalité et la vigueur de la ciselure et de la gravure, dégénérèrent rapidement. Les grosses horloges elles-mêmes perdirent de leurs prestiges, on les fit sans automates, les vieux jacquemarts tombèrent en discrédit, leurs bras de fer rouillés par le temps, se levaient en criant pour frapper les heures. Hélas! ces vétérans de l'horlogerie ancienne semblaient pressentir la fin de leur règne!

Ainsi, comme on vient de le voir, l'horlogerie proprement dite, naquit au moyen âge ; elle était admirable à la renaissance; mais, disons-le, si les XIVe, XVe et XVIe siècles furent si fertiles en grands horlogers, il faut, avant tout, en rendre hommage aux puissants protecteurs qui ne se lassèrent pas d'encourager les maîtres de l'art, soit en applaudissant à leurs succès, soit en leur aplanissant le chemin des honneurs et de la fortune. Parmi les protecteurs éclairés de la science de Henri de Vic et de Jean Jouvance, nous nous ferons un devoir de citer Charles V, Philippe le Hardi, duc de Bourgogne, Louis XII, Georges d'Amboise, Maximilien Ier, empereur d'Autriche, Jean Galéas Visconti, Henri VIII, et les principaux seigneurs de sa cour, François Ier, Charles-Quint, le duc d'Urbin, Maximilien II, et enfin Henri II, Charles IX, Henri III et Henri IV.

CHAPITRE V

CATALOGUE HISTORIQUE ET DESCRIPTIF DES HORLOGES ET DES MONTRES DE LA RENAISSANCE

Avant de décrire les montres et les horloges du prince Soltykoff, avant d'en apprécier le mérite au point de vue archéologique et scientifique, je crois devoir d'abord établir ma compétence, car le lecteur n'est pas obligé de me croire sur parole.

Depuis trente ans j'exerce le métier d'horloger, et depuis vingt-cinq ans je n'ai pas cessé un seul jour d'étudier l'histoire de la mesure du temps à toutes les époques et chez tous les peuples. Je puis dire aussi que le nombre des horloges portatives et des montres de la renaissance qui m'ont été confiées pour les restaurer est déjà considérable.

Ce n'est qu'après ces longues et sérieuses études que je me suis décidé à publier mes recherches sur l'horlogerie ancienne et mes aperçus technologiques sur la science moderne. Ces travaux m'ont initié aux mystères de la fabrication en Europe depuis l'origine de l'horlogerie jusqu'à nos jours; ils m'ont fait connaître les dates précises des inventions et des applications nouvelles, les plans ou calibres des maîtres horlogers du xvie siècle; et enfin les outils ou instruments plus ou moins commodes dont ces maîtres faisaient usage pour diviser leurs roues et leurs pignons, tailler les pas ou spires de la *fusée*, ciseler le coq, les piliers, les ponts et les autres pièces accessoires employées dans les machines horaires de leur époque.

Les archéologues n'ayant pas fait ces études spéciales, n'ont pas les mêmes connaissances; ils ne jugent une montre ou une horloge que d'après sa forme extérieure et son ornementation, ce qui peut quelquefois les induire en erreur, car, en ce qui concerne l'horlogerie, cette forme et cette ornementation restèrent les mêmes, sauf de bien rares exceptions, depuis Henri III jusqu'à Louis XIII.

En effet, la renaissance ne finit pas avec les Valois; elle existait encore au commencement du XVIIᵉ siècle, et nous avons vu des montres et des horloges de cette dernière époque, qui n'étaient ni moins belles de formes, ni moins finement travaillées que la plupart de celles ayant appartenu au XVIᵉ siècle. C'est donc seulement par la construction des rouages que l'on peut se rendre compte de la véritable date d'une pièce d'horlogerie ancienne; et c'est là où je me crois compétent.

Je sais, comme tout le monde, que beaucoup d'horloges du XVIᵉ siècle ont été modifiées dans leurs organes mécaniques, notamment sous Louis XIV; mais ces modifications ne peuvent tromper personne, car elles laissent après elles des traces malheureusement ineffaçables.

Hélas! amateur comme je le suis des charmantes pièces d'horlogerie de la renaisssance, j'ai bien souvent déploré les mutilations dont elles ont été l'objet! Si encore les vandales de l'art à l'époque du grand roi s'étaient bornés à porter leurs mains meurtrières sur les mouvements d'horlogerie, en respectant les boîtes. Mais non; sous prétexte d'enrichir les horloges du pendule de Galilée, ils supprimèrent des colonnes, des pilastres, des cariatides, ils portèrent la scie et la lime, dans le cœur des coupoles, des dômes, des clochetons, et enfin, ils ouvrirent des gueules béantes au beau milieu des portes sculptées, des cadrans gravés et ciselés, de ces précieux bijoux que leur déplorable ignorance ne leur permettait pas d'apprécier.

Avant de finir, je me permettrai de rectifier une erreur qui s'est répandue trop facilement depuis le XVIIᵉ siècle jusqu'à nos jours. On a cru que les montres proprement dites étaient originaires de l'Allemagne, de Nuremberg. Rien absolument ne justifie cette croyance presque générale. Les montres de petit volume sont nées en France, elles s'y sont perfectionnées plus que partout ailleurs. Sans doute on a fait des montres à Nuremberg et dans d'autres parties de l'Allemagne, dès l'époque de Charles-Quint, mais le nombre en est très-restreint, j'en ai acquis la certitude en visitant les collections publiques et particulières de l'Europe, notamment celles de l'Autriche et de la Prusse, dans lesquelles on trouve une grande quantité de montres françaises de toutes formes, simples ou compliquées et fort peu de montres autrichiennes ou prussiennes. Donc, les *œufs de Nuremberg* n'existent pas, mais les œufs de France, soit de Paris, de Dijon, de Blois, de Sedan, de Lyon, de Rouen, ne sont pas rares, en supposant qu'on puisse donner le nom d'œufs à des montres d'un ovale allongé, mais presque plates de deux côtés, c'est-à-dire dessus et dessous. Le cas est différent quand il s'agit d'horloges. Celles-ci sont bien originaires de l'Allemagne, et il s'en est fabriqué dans ce pays depuis le xv siècle jusqu'au xvi inclusivement, une quantité considérable. Les artistes français n'en ont établi relativement qu'un petit nombre, mais elles sont plus gracieuses et plus coquettes en général que celles des Allemands.

PLANCHE I

———

L'horloge inscrite sous ce premier numéro, fut construite par Louis David, artiste renommé de l'époque de Henri III. Sa forme est quadrangulaire ; elle est en bronze doré à l'or moulu. Les quatre faces ont reçu de précieuses gravures représentant des amours, des Faunes se jouant au milieu des rinceaux, des fleurs et des fruits formant des guirlandes finement dessinées, et burinées avec cette élégance dans les contours qui caractérise particulièrement les maîtres graveurs de la renaissance. Au centre des quatre faces sont des médaillons en argent fin sur lesquels on distingue les évangélistes saint Paul, saint Matthieu, saint Marc et saint Luc ; ces gravures sont également très-fines, et l'argent mat des médaillons s'harmonise bien avec l'or des parties latérales. Sur les angles de ce petit monument sont des cariatides qui soutiennent l'entablement. Une coupole découpée à jour couronne l'œuvre : des figures et divers autres ornements y sont représentés ; le sommet de cette jolie coupole supporte le cadran de l'horloge ; c'est une petite rondelle en argent émaillée de plusieurs couleurs parmi lesquelles dominent le jaune et le vert.

La plaque du dessous de l'horloge offre une scène curieuse et caractéristique : au centre est un ministre protestant faisant tourner une meule de grès d'assez grande dimension ; un pape, revêtu de ses habits pontificaux, se tient courbé devant cette meule, il est entouré par une foule de personnages dont le plus remarquable est le roi de Navarre qui, plus tard, doit abjurer le culte évangélique et occuper le trône de France. Sur les derniers plans, à droite de l'observateur, sont quelques vieilles femmes qui pleurent en regardant le souverain pontife et la meule. Ce sujet s'explique, c'est une virulente satire contre le pape ; les huguenots lui font user ou rogner

J. RACINET DEL ET DIR   GEISGER SCULP

les dents pour l'empêcher de mordre ou de satisfaire ses appétits trop dévorants.

Ces sortes de caricatures ou allusions mordantes contre le chef de l'Église catholique n'étaient pas rares au XVIe siècle, notamment sous Charles IX; et c'est un fait que beaucoup d'horlogers français de cette époque appartenaient à la religion calviniste ; on assure même que plusieurs d'entre eux furent massacrés dans la journée néfaste de la Saint-Barthélemy.

C'est là une des plus belles pièces du xviᵉ siècle; sa forme est celle d'une boule légèrement aplatie; la boîte est un chef-d'œuvre de gravure et de ciselure; l'artiste s'est plu à la couvrir de fines dentelles d'argent et de délicates broderies comme n'en sut jamais faire, sans doute, dans les temps primitifs de la Grèce, la rivale de Minerve, l'industrieuse Arachné.

Le dessous de cette pièce offre un tableau rond représentant la délivrance d'Andromède par Persée, fils de Jupiter et de Danaé; ce tableau dont les figures sont en relief a pour cadre un ruban d'argent doré autour duquel, comme on le voit dans la planche 2, courent des oiseaux fantastiques, des arabesques et des guirlandes de fleurs d'un fini d'exécution au-dessus de tout éloge. Le pourtour ou anneau qui partage cette boîte en deux parties égales, est découpé à jour, et il présente, comme le cadre du tableau, des fleurs idéales et des oiseaux de divers genres. La partie supérieure de cette pièce se compose d'un cercle alterné d'or et d'argent sculpté et gravé; un cercle plus petit et concentrique porte le cristal au travers duquel on voit l'aiguille des heures et le cadran : celui-ci est encore une de ces belles choses que les connaisseurs ne se lassent pas d'admirer; le cercle horaire, en or, se détache vigoureusement sur un fond d'argent couvert de charmantes arabesques découpées à jour et ciselées avec le goût le plus exquis. Cette montre a un double fond dont le centre est occupé par une boussole autour de laquelle sont quatre cadrans solaires pour différents méridiens; entre chacun de ces cadrans sont de nouvelles broderies d'argent que l'œil distingue d'autant plus qu'elles sont habilement disposées sur un fond d'or.

Le mouvement d'horlogerie est à sonnerie et à réveille-matin ; il marque

3
2
1
A. RACINET DEL. ET DIR.
SAUNIER SC.

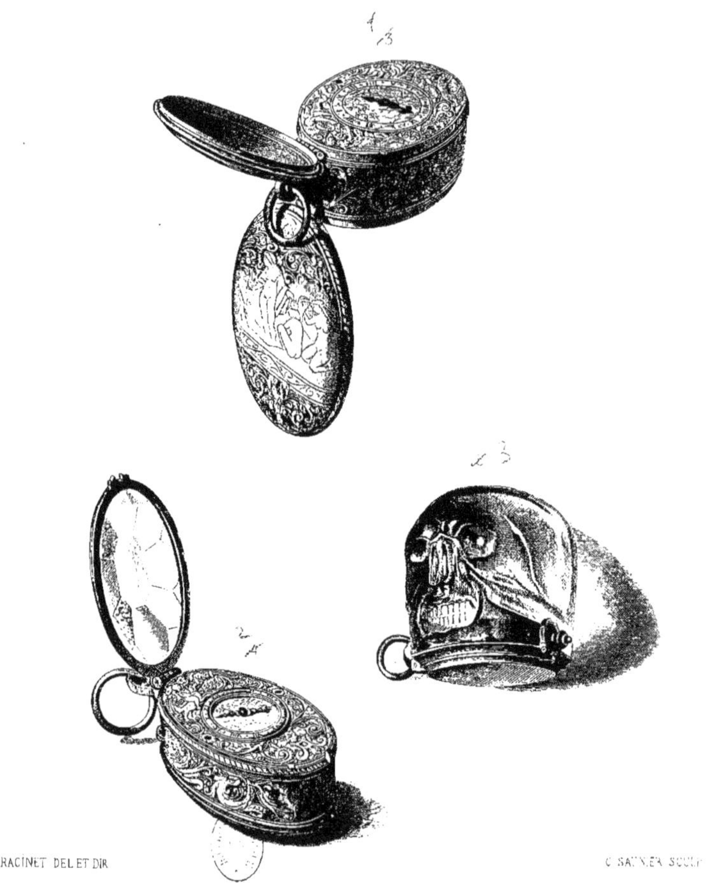

A RACINET DEL ET DIR

C SAUNIER SCULP

aussi les jours de la semaine et le quantième du mois; la plupart des pièces qui composent ce mouvement, sont ornées de gravures et de ciselures pouvant rivaliser, pour le fini des détails, avec les parties les mieux ouvrées de la boîte. Je regrette que cette montre ne soit pas signée ni datée ; toutefois je ne crois pas me tromper en disant qu'elle est française et de l'époque de Henri IV.

PLANCHE III

La planche 3 se compose de trois montres. La première est un de ces
bijoux de forme ovale dont nos aïeules aimaient à se parer au xvie siècle.
Toutefois les femmes du commun étaient obligées de se priver de ces instruments gracieux et commodes, à cause de leur prix exorbitant. Les montres
étaient donc réservées aux grandes dames, à la noblesse en général. Chose
singulière ! à l'époque si luxueuse de François Ier, de Henri II, de Charles IX
et de Henri III, où l'or était prodigué outre mesure à la ville comme à la
cour, les montres si richement travaillées étaient presque toutes simplement
en argent ou même en cuivre.

FIGURE 1

Celle ici présente est d'une richesse de dessin peu commune. Les deux
couvercles forment deux charmants tableaux : l'un représente Diane et ses
nymphes au bain, et l'autre, Actéon changé en cerf par la déesse. Le pourtour offre deux figures couchées ; l'une est Léda avec Jupiter sous la forme
d'un cygne, et l'autre, Minerve le casque en tête et l'égide à la main. Les
artistes admirent les gravures en champ-levé de cette montre. Le cadran est
un des plus beaux que j'aie vus jusqu'à présent. Sa conservation est parfaite ; au centre est le cercle des heures ; au-dessus de midi sont deux
Amours tenant chacun par une main une corbeille de fleurs ; au-dessous de
six heures est un enfant assis et jouant avec un chien. Dans l'intérieur de
l'un des couvercles ovales on a tracé un cadran solaire et établi une petite
boussole.

Cette jolie montre a été construite sous Henri III, par Pierre Combet,
horloger de la ville de Lyon.

FIGURE 2

La figure 2, sur la même planche, offre encore une montre ovale en argent; les couvercles sont en cristal de roche taillé à facettes comme un diamant. Sur le pourtour, sont des rinceaux et des figures fantastiques gravées en champ-levé. Le cadran est d'une grande beauté; le cercle des heures est en relief sur la plaque ovale toute couverte de riches gravures, parmi lesquelles on distingue un enfant monté sur un chien, et portant sur sa tête un casque surmonté d'un panache flottant; cet enfant porte à la main une lance dont le fer est dirigé contre un oiseau de proie qui paraît vouloir bravement se défendre.

Le mouvement d'horlogerie est de l'époque de Henri III, comme celui de la figure 1ʳᵉ, il est signé du nom de Hierosme Grébauval.

FIGURE 3

La figure 3 représente une tête humaine décharnée; c'est la chose la plus triste que l'on puisse voir, la plus hideuse peut-être; mais elle a l'avantage de rappeler aux hommes que l'existence humaine est courte. Cette tête semble dire à ceux qui la regardent. « Je fus belle autrefois, on aimait à contempler mes traits; mais la vieillesse arriva, je devins laide, et voilà ce que je suis aujourd'hui : pensez à la vie éternelle. »

Dans les monastères du moyen âge, les religieux plaçaient ce funèbre symbole sur leur prie-dieu et à leur chapelet; souvent même ils le faisaient broder sur leurs vêtements ou dessiner sur le parchemin de leurs missels.

A l'époque de la Renaissance, les sentiments religieux étaient affaiblis, la vie sacerdotale était devenue mondaine; on ne bâtissait plus comme autrefois des cathédrales byzantines ou gothiques; le style simple et grandiose était remplacé par un autre style, toujours beau sans doute, mais coquet, maniéré, et par cela même peu convenable pour le recueillement et la prière. Cependant, la tête de mort était encore de mode dans les cloîtres et dans les églises; les sculpteurs et les imagiers la reproduisaient en bois, en pierre, en métal et en peinture. Celle que l'on voit dans la figure 3 est en cristal de roche; sa cavité est remplie par un mouvement de montre très-finement exécuté; le cadran est un disque d'argent autour duquel court une broderie en cuivre doré et ciselé. La gravure en champ-levé qui garnit la partie centrale de ce cadran, représente des pensées et des tulipes; l'aiguille, très-délicatement travaillée, se voit au travers d'un cristal de roche taillé à facettes. Le mécanisme intérieur a été fait par Jacques Joly, qui vivait à Paris sous Henri III; l'opinion de quelques personnes est que cette montre a pu appartenir à ce monarque, qui, comme on sait, aimait à s'entourer de têtes de mort.

PLANCHE IV

L'horloge, figurée dans cette planche, est hexagone; elle a deux étages
superposés. Le premier représente un temple qu'entourent six colonnes
cannelées et surmontées de chapitaux de l'ordre corinthien. Ces colonnes
encadrent six portes cintrées d'une incomparable beauté; elles sont en fer
damasquiné, en or fin. Les filets d'or incrustés dans le fer forment des
figures humaines et des arabesques du plus pur et du plus élégant dessin.
Ces portes reposent sur un socle également en fer damasquiné, comme on
le voit dans la figure. Le cadran de l'horloge occupe le cintre d'une des
portes; ce cadran, gravé au centre, est parcouru par une aiguille d'acier
bleui d'un joli travail.

Les six colonnes soutiennent le premier entablement. Le second étage,
aussi riche que le premier, est d'un autre genre. Six cariatides occupent les
six angles; l'intervalle qui les sépare forme un nombre égal de tableaux
carrés, dont le centre est enrichi par un médaillon dans lequel est sculpté
le buste d'un guerrier ou d'un empereur romain. Ces figures, largement
dessinées, se détachent en haut relief de leur bordure de bronze doré. Les
médaillons sont entourés par des chimères, des masques antiques et divers
ornements découpés à jour dans le cuivre; ces décorations métalliques
dorées à l'or moulu ont été sculptées par un habile artiste de l'époque de
Henri II.

Au-dessus du second entablement, sont placés dans les six angles du
monument et dans la ligne perpendiculaire des cariatides et des colonnes,
six petits clochetons en cuivre doré. Le mouvement d'horlogerie est très-
remarquable, car outre qu'il sonne les heures et les quarts, il marque le
quantième du mois, les jours de la semaine, les phases de la lune, les

signes du zodiaque, le mouvement du soleil et des planètes. Tous ces cadrans, toutes ces indications astronomiques se voient au-dessus de l'horloge entre les six clochetons que nous venons d'indiquer.

L'aiguille indicative tourne horizontalement au centre du mouvement; elle est maintenue et surmontée par un septième clocheton. On voit, par une petite ouverture pratiquée dans une des portes damasquinées, un plateau sur lequel sont sept figures en argent. Ce sont Jupiter, Vénus, Saturne, Mercure, Apollon, Diane et Mars, lesquelles marquent les sept jours de la semaine.

PLANCHE V

Myrmécide, horloger de Paris, qui vivait au commencement du xvie siècle, a signé un grand nombre de montres en forme de croix pectorale ; il est probable qu'il en fut l'inventeur. Ces montres eurent beaucoup de succès pendant le règne de François Ier et de ses successeurs. Ce succès n'était même pas tout à fait épuisé sous Louis XIV. J'ai eu entre les mains plusieurs spécimens de ces sortes de montres fabriquées sous ce règne ; elles étaient pour la plupart en cristal de roche taillé à facettes ; j'en ai vu aussi en or et en argent. Ces dernières étaient lourdes, disgracieuses ; les cadrans étaient tout unis ou mal gravés, par conséquent elles ne pouvaient pas soutenir la comparaison avec les gracieuses et fines petites montres en forme de croix latine, que les abbesses et les prélats portaient dans le cours du xvie siècle ; c'est que cent ans s'étaient écoulés, c'est que, si les sciences exactes et les belles-lettres avaient progressé pendant ces cent années, les beaux-arts n'avaient pas marché dans le même sens ; Benvenuto et ses élèves, le Primatice et Jean Goujon, Pierre Lescot et Germain Pilon avaient emporté leur talent dans la tombe ; en un mot *la Renaissance* n'existait plus.

FIGURE 1

Cette montre est en argent doré, elle est gravée en champ-levé sur toutes ses faces. Le couvercle, qui s'ouvre à charnière du côté du cadran, représente extérieurement le Christ en croix ; sur le couvercle opposé est la vierge Marie tenant l'Enfant divin dans ses bras ; elle est entourée par les quatre évangélistes. Le cadran est fort beau. Les heures sont tracées sur un anneau plat en or, au centre duquel sont un vieillard, une jeune femme et un ange ;

12

le vieillard est debout, l'ange se tient à genoux et regarde la jeune femme dont les yeux sont modestement baissés. L'artiste a voulu sans doute représenter l'Annonciation. Nos pères, on le sait, au moyen âge et à la renaissance, mêlaient souvent le sacré et le profane, et l'on trouve, sans en être étonné, en dehors du cercle des heures de cette montre, un amour gracieusement étendu sur des fleurs, un satyre et deux autres figures appartenant à la mythologie païenne.

Le mouvement d'horlogerie de cette pièce accuse une main très-habile de la fin du xvie siècle.

FIGURE 2

La seconde montre, en croix latine, fut faite à Prague au commencement du xviie siècle par Johann Hangel, Schaleck. Elle est en cristal de roche, le cadran seul est en métal, la gravure ne vaut pas à beaucoup près celle de la montre que nous venons de décrire, mais le mécanisme intérieur est mieux fait et peut donner l'heure avec plus d'exactitude ; il est donc bien vrai que si l'art proprement dit dégénérait au xviie siècle, la science mécanique était en progrès.

FIGURE 3

La troisième montre est en argent repoussé; le cadran est en émail, ce qui prouve qu'elle est du xviie siècle ; cependant les ornements ne manquent pas de distinction. Le mouvement porte la corde de boyau, le coq est à jour et la ciselure en est belle. Cette montre n'est pas signée.

M. P. CLERGET DEL.   M. RIESTER SC.

PLANCHE VI

Cette montre est de l'époque de François Ier, c'était alors l'enfance de l'art ; la *fusée* et les cordes de boyau n'étaient pas encore adaptées aux montres et petites horloges; le *barillet*, au lieu d'être mobile sur ses pivots, était fixé par des vis sur la platine, et le ressort spiral en acier qu'il renfermait, agissait seul sur la roue motrice (la première roue du rouage); le balancier n'avait pas encore pris la forme circulaire, c'était un simple barreau de cuivre ou d'acier portant à chaque extrémité un petit disque comme on le voit en A, fig. 3. Froissart, dans son poëme intitulé : *l'Horloge amoureuse* (voy. page 20), nomme cette pièce *Foliot*. Ce ne fut que vers le milieu du règne de Henri II que l'on substitua au véritable balancier la roue plate et non dentée qui vibre sous le coq; celui-ci fut lui-même modifié dans ses principes : on le découpa à jour, comme on le voit en B dans la figure 5, et l'on ne tarda pas à remarquer que cette pièce était un gracieux ornement; on lui conserva cette forme jusqu'au commencement du règne de Louis XIV. Revenons à la montre (fig. 1re). Elle est ronde comme une tabatière, et s'ouvre au-dessus et au-dessous. Le couvercle supérieur est à jour et se compose de deux couronnes sculptées dont l'une, la plus petite, est enlacée dans des ornements gravés. Le centre est occupé par une jolie rosace habilement gravée en champ-levé. Les jours ménagés entre les deux couronnes permettent de voir l'aiguille et les heures indiquées sur le cadran, lequel est couvert d'arabesques ciselées. Le corps de la boîte est fort riche : on a sculpté autour de son anneau des chiens de chasse et plusieurs autres animaux courant parmi les fleurs et les rinceaux, et suivis par des cavaliers armés de lances. Le couvercle inférieur (fig. 2), offre un tableau rond sur lequel on voit à gauche un château d'où paraît sortir un guerrier armé de toutes pièces et monté sur un vigoureux coursier. Un obstacle se présente ; la terre vomit des flammes, mais ni l'homme ni le cheval n'en paraissent effrayés, ils vont franchir l'espace occupé par ces flammes, qu'un enchanteur a fait surgir sans doute pour empêcher le cavalier de poursuivre sa route. Nos vieux romans offrent souvent des scènes de ce genre ; elles impressionnaient toujours les lecteurs bénévoles des temps chevaleresques.

FIGURE 4

La montre est en cristal de roche, taillé à côtes ; elle est ronde comme une bonbonnière. J'ai fait graver séparément le mouvement de cette montre (fig. 5), pour montrer aux lecteurs la différence qui se trouve entre le balancier et le coq de l'époque de François Ier (fig. 3) et ces mêmes pièces exécutées sous les règnes suivants. On remarquera encore sur la platine du mouvement (fig. 5), un peu plus haut que le coq, d'abord la roue d'acier dentée à rochet, et ensuite le cliquet, lequel est gravé et découpé à jour comme le coq ; ce cliquet, très-élégamment façonné, n'existe pas dans les montres de la première moitié du xvie siècle.

Cette horloge portative a 34 centimètres de hauteur, 23 de largeur à la base, 13 au milieu du monument, et 7 en épaisseur.

Elle est supportée aux angles par 4 lions héraldiques ; une multitude de figures en relief sont sculptées sur la base de l'édifice, et rappellent par la naïveté de la pose, la simplicité du geste, l'expression du visage, et aussi par l'originalité un peu grotesque de quelques-unes des compositions, ces figurines ou statuettes qui ornent le portail de la plupart des églises et des monastères du moyen âge. Le côté de l'horloge où sont placés les cadrans, celui des heures et celui du réveille-matin, forment un tableau carré représentant une chasse à courre. Le cerf est lancé, les chiens le poursuivent, mais la forêt semble profonde et l'animal bondit dans les fourrés ; les chasseurs ne le tiennent pas encore ! Cependant, si l'on en croit Hardoin, Gaston Phébus, Dufouillou, Henri III et tous les auteurs cynégétiques, les veneurs étaient fort habiles à l'époque des Valois.

Au-dessus du grand cadran sont deux femmes sculptées (des princesses sans doute) qui chassent au faucon ; un nain est assis aux pieds de l'une d'elles (celle de gauche) ; ce nain lui présente un objet ayant la forme d'une pomme. L'artiste a su donner à ces deux femmes la grâce naïve, la vie et le mouvement.

Le côté opposé de l'horloge est, selon moi, le plus beau ; il est orné de cinq cadrans ; le premier marque les vingt-quatre heures, le second le quantième du mois, le troisième les phases de la lune, le quatrième les signes du zodiaque, le cinquième le cours des planètes. Les parties du tableau qui entourent les cadrans représentent les plaisirs de l'été ; on y a sculpté des arbres au feuillage touffu, des figures d'hommes, d'oiseaux, de lévriers ; c'est partout une joyeuse animation, vivante image du bonheur. L'Amour domine la scène, il est placé dans un médaillon et s'apprête à lancer une flèche.

Tout au bas du tableau, et de chaque côté d'un petit cadran, sont deux femmes sculptées en relief, elles sont drapées à l'antique ; l'une tient dans ses mains une coupe pleine ; l'autre, le coude appuyé sur un fût de colonne est dans l'attitude de la méditation.

Une partie du médaillon qui renferme l'amour, se prolonge vers les principaux cadrans, et, sur une petite bande unie en forme de ruban, on a gravé la date de l'exécution de l'horloge ; cette date est celle de l'année 1521, époque où Léon X, quoique bien près de mourir, vendait encore des indulgences pour payer les immenses travaux du Vatican, où Charles-Quint et François Ier se disputaient l'Italie, où Luther et Wenghé luttaient avec énergie, et non sans succès contre la papauté. Les deux autres faces de cette horloge sont dignes des deux premières pour la pureté du dessin et la fermeté de la ciselure. Chacune de ses faces porte un cadran et une aiguille marquant l'heure et les quarts de la sonnerie ; celle de droite relativement au cadran astronomique, est couverte de fleurs savamment burinées, d'arbustes feuillus et de plusieurs figures emblématiques dont l'une, sous les traits d'une jeune femme, tient un enfant par la main et un autre dans ses bras. La face opposée nous montre la musique personnifiée dans une femme jouant du violoncelle et ayant autour d'elle divers autres instruments harmonieux. Des fleurs, des fruits, des oiseaux complètent le tableau. Ces quatre compartiments ont pour cadre ou bordure quatre cariatides richement sculptées qui soutiennent sur leur tête les chapiteaux et l'entablement.

La coupole est d'une grande magnificence. Ses découpures à jour forment des tableaux dont les sujets sont empruntés à l'épopée biblique. Ici l'ange vient annoncer à Marie qu'elle sera mère du Christ ; Joseph est auprès d'elle et le Saint-Esprit plane au-dessus de leur tête ; là nous sommes à Bethléem, Jésus naît dans une étable, les bergers viennent l'adorer avec *grande révérence ;* plus loin, les rois Mages guidés par l'étoile sacrée arrivent dans Bethléem et offrent au Sauveur du monde leurs hommages et leurs présents. Cette brillante coupole offre encore plusieurs tableaux. Les plus importants sont la circoncision et la résurrection du Christ. Les angles de la coupole et de l'entablement sont occupés par des gargouilles représentant des dragons monstrueux sur la tête desquels sont fièrement assis quatre hommes ayant la tête nue et le glaive à la main. Le monument est surmonté

par un chevalier debout : c'est saint Georges ; il est couvert d'une étince-
lante armure du temps de Louis XII ; d'une main il tient son bouclier et de
l'autre il s'appuie sur sa lance dont le bout, garni de fer, est enfoncé dans la
gueule béante d'un dragon. D'autres détails qu'il serait trop long d'énumérer
enrichissent cette horloge. Il est regrettable que le mouvement d'horlogerie
ne soit pas visible, car presque toutes les pièces qui le composent sont gravées en champ-levé avec une extrême délicatesse. La complication des
organes de cette petite machine est telle que, je ne crains pas de le dire,
très peu d'artistes horlogers de notre époque seraient capables de la démonter et de la remonter comme il le faut et de faire fonctionner sans erreur
tous ses organes, notamment ceux qui conduisent les aiguilles autour des
cadrans astronomiques. J'ai vu plus d'une fois dans des pièces du genre de
celle-ci des bévues incroyables commises par des ouvriers d'ailleurs très-
habiles ; c'est que ces ouvriers n'avaient pas fait d'études particulières concernant les horloges du xvie siècle. On remarquait, très-récemment, sur un
de nos boulevards les plus fréquentés, une petite pendule en marqueterie
de l'époque de Louis XIV ; elle était étalée dans la vitrine d'un horloger
qui, de bonne foi sans doute, l'avait munie d'une large étiquette contenant ces mots : « Horloge ayant appartenu au roi Henri III ; prix : 150 fr. »
Ce fait n'a pas besoin de commentaires.

PLANCHE VIII

Cette planche renferme deux montres et un couvercle. La petite montre (fig. 1re) est un gracieux bijou couvert de fines ciselures. Sur l'anneau qui l'entoure on a gravé quatre figures symboliques, le Printemps, l'Été, l'Automne et l'Hiver. Le Printemps est représenté sous les traits d'une jeune fille couchée et dormant; un Amour se tient debout auprès d'elle et semble épier l'instant de son réveil. L'Été est aussi une jeune femme qui, nonchalamment étendue dans les sillons dorés, tient une longue gerbe dans ses bras. L'Automne, c'est le dieu Bacchus; il sommeille sous une treille, un baquet rempli de raisins est à ses pieds. L'Hiver est représenté par un homme; il est assis sur les bords de la mer ou d'un fleuve, et paraît suivre des yeux un navire voguant vers l'horizon; cette nef emporte peut-être ses illusions, ses doux rêves d'amour et de bonheur.

Le cadran de cette pièce est en argent doré surmonté d'un cercle blanc sur lequel les heures sont gravées. Le centre offre un tableau intéressant dont le sujet est Jésus-Christ et la Samaritaine conversant auprès du puits de Jacob, non loin est la ville de Sichem, aujourd'hui Naplouse, que domine la haute montagne de Garizim. La femme de Samarie écoute avec recueillement les paroles du Dieu fait homme; une de ses mains est appuyée sur la margelle du puits et l'autre sur sa cruche. La divinité rayonne sur la figure du Christ; la Samaritaine est convertie. L'espace doré qui entoure le cadran est occupé par des ornements ciselés tels que des fleurs, des fruits, des rameaux, et enfin par une petite et toute gracieuse figure de chérubin dont les ailes légères et diaphanes se déploient au-dessus de midi.

A. ROUCHET DEL. ET DIR.

C. SAUTIER SCULP.

Sur le couvercle supérieur de la boîte, on a gravé la scène de Jésus chez
Simon le pharisien. La Madeleine lave les pieds du Seigneur et celui-ci
désignant à ses hôtes cette jeune et belle pécheresse, prononce ces mémorables paroles : « Il lui sera beaucoup pardonné parce qu'elle a beaucoup
aimé. » Le couvercle inférieur que j'ai fait graver séparément (fig. 2) est
entouré d'un couronne chargée d'arabesques gravées en champ-levé. Le
centre offre encore un sujet biblique. C'est la scène où Jésus-christ, la veille
de sa résurrection, sort des limbes d'où il a délivré les patriarches ; les
flammes du purgatoire se dressent derrière lui.

Cette montre fut faite par James Vanbroff, soit sous le règne de Henri III
soit au commencement du règne de Henri IV.

FIGURE 3

La montre (fig. 3) est en cristal de roche élégamment façonné ; le dessus,
qui est en cuivre doré, forme un ovale bombé et découpé à jour comme
les coupoles que nous avons décrites dans d'autres pièces. Au sommet de
celle-ci est placé horizontalement le cadran d'argent et l'aiguille. Le
mouvement de cette montre est à sonnerie ; les rouages sont excellents
et bien conservés ; le *coq*, le *cliquet*, le *barillet*, les *détentes* sont découpés,
gravés et ciselés comme la coupole. Cette montre fut faite par Conrad,
Kreizer, lequel travaillait à Strasbourg dans les dernières années du XVI⁰ siècle, au moment où Habrecht, collaborateur de Conrad Dasipode, mettait
la dernière main à l'horloge de le cathédrale de la ville.

————

FIGURE 1

La montre (fig. 1ʳᵉ) est curieuse au point de vue historique, elle marque dans sa forme, non pas une décadence, mais un goût nouveau ; elle rappelle l'époque des Valois par la finesse du dessin, la richesse de l'ornementation, cependant elle n'est plus de cette belle époque. Le fondateur de la dynastie des Bourbons règne en France. Gabrielle d'Estrées, Marie d'Entragues, ont remplacé la duchesse d'Étampes et Diane de Poitiers. Le XVIᵉ siècle est moribond, mais les artistes qui l'illustrèrent ont en mourant laissé des émules d'un rare talent, et ils pourront encore prolonger la *renaissance*, dont le portique hardiment festonné ne se fermera tout-à-fait qu'au moment où commenceront les sanglantes saturnales de la Fronde.

Sous Louis XII, les montres, dont l'invention était récente, étaient généralement fort épaisses et presque sphériques. Sous François Iᵉʳ elles prirent la forme d'une tabatière comme on le voit (pl. VI). La croix latine, la croix de Malte, le gland ou l'olive, la coquille, l'octogone, l'ovale, l'hexagone, le carré long, etc., furent les formes que l'on adopta de préférence sous Henri II, Charles IX, Henri III et Henri IV. Toutefois, sous le règne de celui-ci, on essayait déjà de donner aux montres la forme que l'on voit fig. 1ʳᵉ, laquelle se rapproche beaucoup de celle des montres modernes.

L'époque de Henri IV ouvrit donc un nouveau cycle à l'horlogerie ; quelques outils furent améliorés et, par suite, les organes de tous les instruments horaires. La présente montre est à sonnerie. Le cadran est remarquable par le grand nombre et la finesse des dessins dont il est parsemé ; le cercle des heures est en argent fin ; l'aiguille, d'un beau galbe est en acier bleui ;

le dessus et le dessous de cette montre sont à jour et découpés comme une dentelle ou une guipure ; au centre du cercle supérieur, l'artiste a placé une figure d'homme à cheval ; le cavalier est revêtu de son armure ; il porte un chapeau rond dont le bord relevé du côté de l'oreille gauche est surmonté d'un panache flottant. Le cheval, d'une forte encolure, et caparaçonné suivant la mode de l'époque, semble fier de son fardeau ; le cavalier est de haute mine et de haut rang ; son geste est noble, aisé et courtois ; il porte une longue barbe, son nez est légèrement arqué, et sa bouche fine et moqueuse semble toujours sourire. Ce chevalier c'est Henri IV, c'est le roi de France et de Navarre.

Le couvercle inférieur, gravé séparément (fig. 2), est semblable au premier pour la richesse artistique de l'ornementation et la belle tournure de la figure équestre, mais ici le cavalier est beaucoup plus jeune ; ses traits ne manquent ni de noblesse ni de beauté ; une grâce naturelle se remarque dans son maintien ; ce jeune homme c'est le fils de Marie de Médicis et du roi de France, c'est le futur Louis XIII.

L'anneau ou pourtour de cette montre est à jour comme les couvercles : des amours, des fleurs, des animaux de plusieurs espèces y sont gravés et ciselés avec talent. Bref, cette boîte de montre est charmante, et je ne serais pas étonné que ce fut Thomas de Leu qui en ait dessiné la forme et les détails. Et ce n'est pas seulement la boîte de cette pièce d'horlogerie qui est belle, le mouvement ne l'est pas moins. Le coq ne laisse rien à désirer pour la perfection du dessin et de la gravure ; on distingue sur le dessus de cette pièce un homme à cheval portant une lance sur son épaule ; son chapeau, son juste-au-corps et ses autres vêtements sont de l'époque de Henri IV. A côté du coq est le *cliquet* (Voy. planche VI., fig. 5); cette pièce qui, dans les montres modernes n'est qu'un simple morceau d'acier, prend ici beaucoup d'importance par son développement sur la platine et son ornementation. Parmi les dessins à jour dont elle est couverte, on distingue un écureuil qui, assis parmi des fleurs et des rameaux microscopiques, mange, avec une satisfaction non équivoque, un petit fruit qu'il vient de cueillir. Cette montre a été faite par Cusin, maître horloger de la ville d'Autun.

On voit par cette description, et surtout par la gravure fig. 1 et 2 de la planche IX, que les dessinateurs, les graveurs, les ciseleurs des premières années du XVI siècle, égalaient en talent, leurs prédécesseurs de la renaissance, ou plutôt, nous le répétons, la renaissance se prolongea pour plusieurs branches des beaux-arts jusqu'à la fin du règne de Louis XIII.

FIGURE 3

La montre (fig. 3) est de la forme d'un coquillage, elle est en cristal de roche taillé comme on le voit dans la figure; le cadran est en cuivre doré et gravé; le cercle des heures est en argent et l'aiguille en acier; les couvercles, celui du dessus et celui du dessous, sont comme le pourtour de la boîte en cristal de roche taillé à côtes; les alvéoles de ces cristaux sont en cuivre doré et offrent à l'œil des dessins d'une grande finesse.

Le mouvement est intact, il n'a pas été *restauré* dans ses organes par les ouvriers du XVII° siècle. Cette montre est de l'époque de Charles IX.

FIGURE 4

La figure 4 représente une montre octogone en cristal de roche, comme celle que nous venons de décrire. Le cadran seul est remarquable : il est en cuivre doré, et l'artiste qui l'a façonné s'est plu à l'orner de charmants dessins à jour délicatement burinés. La surface unie qui entoure ce cadran est gravée en champ-levé ainsi que les couvercles, qui s'ouvrent à charnière et dans lesquels sont enchâssés des cristaux unis. Au travers de ceux-ci on voit d'un côté les heures et de l'autre les pièces du mouvement dont la platine est couverte, notamment, le coq et le cliquet.

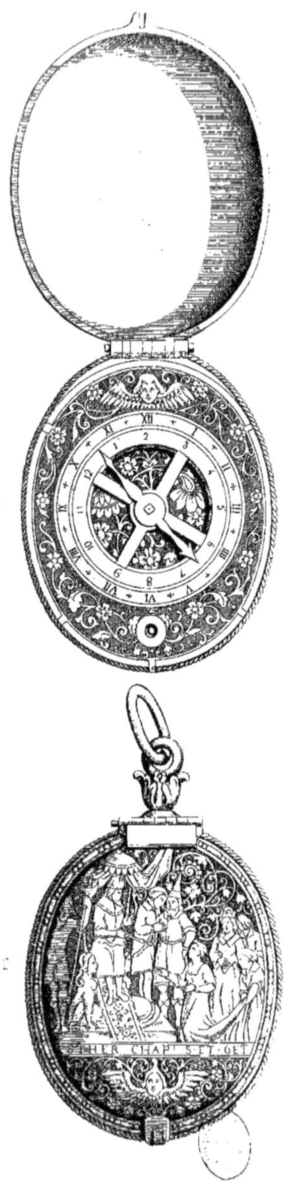

PLANCHE X

Cette montre, de forme ovale, est d'une grande valeur artistique par la richesse de ses décorations burinées et ciselées. Le dessus de la cuvette, fig. 2, offre une scène de la vie d'Esther gravée en champ-levé.

Assuérus est sur son trône entouré de ses principaux officiers. Esther agenouillée devant le roi lui demande la grâce de Mardochée; derrière elle sont plusieurs jeunes filles juives. Le fond du tableau représente les tentures ornant la salle du trône d'Assuérus; elles sont parsemées de fleurs asiatiques et d'élégantes arabesques. Au-dessous de cette scène biblique, dans un compartiment séparé, on voit une tête ailée assez semblable à celle d'un chérubin du paradis chrétien. Cette tête, dont les ailes éployées présentent une ample envergure, plane au-dessus d'un champ couvert de fleurs, de fruits et de rinceaux.

La cuvette opposée est remplie par une scène du même sujet : Aman s'agenouille devant Esther qui est assise sur un trône; Assuérus et ses officiers sont debout; une table ronde couverte d'un tapis sépare Esther d'Aman. L'anneau placé entre les deux cuvettes ou couvercles offre de charmants dessins à jour ciselés et gravés Ce travail appartient à la plus belle époque de la renaissance, à la fin du règne de Henri II.

Le mouvement d'horlogerie a été fait par Jacques Duduict, maître *orologier* en la bonne ville de Blois. Cette montre est à sonnerie et à réveille-matin, son cadran, comme on le voit figure 1, est d'un goût exquis. Le cercle horaire se détache en or sur un fond blanc : l'aiguille, d'un joli style, marque à la fois les heures et l'instant précis où le marteau du réveille-matin, frappant à coups redoublés sur la clochette, provoque ses tintements significatifs.

Cette petite horloge est le pendant de celle que j'ai décrite (pl. vii). Leur forme et leurs proportions sont les mêmes. La base de celle-ci est couverte des quatre côtés par une quantité considérable de figures sculptées en relief et par divers ornements empruntés à l'architecture gothique; les quatre lions qui sont au-dessous des angles de cette base ont beaucoup de caractère. Quatre cariatides surmontées d'un double chapiteau s'élèvent aux quatre angles du corps de l'horloge et servent de cadre aux quatre faces du monument.

Au-dessus de l'entablement est la coupole à jour offrant ces mille figures de fantaisie que l'habile crayon de l'artiste a fidèlement rendues malgré la difficulté. Quatre dragons ailés reposent aux angles de cette belle coupole. Sur la face principale, celle où sont le cadran des heures et celui du réveille-matin, on voit, gravés au burin, des amours soutenant des guirlandes de fleurs. Au-dessus de leur tête, l'artiste a gravé encore des fleurs, puis des fruits qui tombent par grappes de chaque côté du cadran et de la partie supérieure des cariatides.

La face opposée de l'horloge offre un tableau allégorique. Deux femmes, la muse de l'Histoire et la Vérité y sont représentées avec leurs attributs caractéristiques. La Vérité tient dans une de ses mains le miroir redouté des coupables mortels. La muse, dont l'attitude est grave et méditative, enregistre avec la plume sur le vélin, les événements qui se sont passés dans les siècles précédents, ou à l'époque même où fut construite l'horloge. Les cadrans motivent cette gravité : ils indiquent les mouvements astronomiques, ils marquent les signes du zodiaque, les cycles solaire et lunaire, le lever et le coucher du soleil, puis le quantième du mois,

les jours de la semaine, puis enfin les heures du jour et celles de la nuit.

Les deux autres côtés de l'horloge ne sont pas moins intéressants. Sur celui de droite, on a gravé la Mélancolie; elle est assise sous un portique; d'une main elle soutient sa tête, et de l'autre elle porte un long poignard. L'astrologie est représentée sur le côté opposé, celui de gauche; elle est entourée d'instruments de mathématiques, de globes terrestres et célestes, etc. Au-dessus de cette figure est une large rosace qu'entourent des enfants parés de fleurs et jouant avec des guirlandes formées de branches d'arbustes chargés de fruits.

Si cette pièce est magnifique extérieurement, elle ne l'est pas moins dans l'intérieur; car les parties immuables et solides qui comportent le mécanisme sont ciselées, et pour la plupart damasquinées avec un goût exquis. Les cadrans de cette horloge indiquent qu'elle est extrêmement compliquée. L'artiste qui l'a exécutée devait connaître à fond les sciences exactes; il se nommait Andréas Muller, il habitait la petite ville de Tristen, et vivait sous le règne de Ferdinand, frère et successeur de l'empereur Charles-Quint.

FIGURE 1

Cette pièce est une des plus riches et des mieux conservées qui existent aujourd'hui en Europe. Elle est de forme ovale et en or fin gravé, sculpté, émaillé ; des cristaux de roche l'entourent de tous côtés et laissent voir les diverses parties du mécanisme. Six attaches également en or fin, d'un travail exquis, retiennent en dehors les cristaux. Ces attaches AA (fig. 1), et celles qui correspondent à celles-ci, de l'autre côté de l'ovale, sont ciselées et parsemées de fleurs microscopiques émaillées ; de plus, leur centre porte ou un diamant ou un rubis taillé à table comme le sont les vieux joyaux d'église. Les deux sommets de l'ovale sont occupés par les 5ᵉ et 6ᵉ attaches, lesquelles supportent deux boules sculptées et émaillées. La boule du haut est surmontée d'un petit anneau dans lequel on a introduit un anneau beaucoup plus grand pour pouvoir y introduire au besoin une chaîne ou un cordon. La boule du bas n'a qu'un seul anneau, il porte une perle fine très-ronde ; elle fut blanche autrefois sans doute, aujourd'hui sa couleur est grise et terne. Elle a vécu trois siècles !

FIGURE 2

La figure 2 représente le cadran de la montre. Ce cadran est en or et les dessins dont il est orné sont d'une finesse extrême ainsi que ceux des bords de l'ovale, lesquels sont émaillés de diverses couleurs.

FIGURE 3

La figure 3 offre le côté opposé au cadran, c'est-à-dire la petite platine.

C.E.CLERGET del.

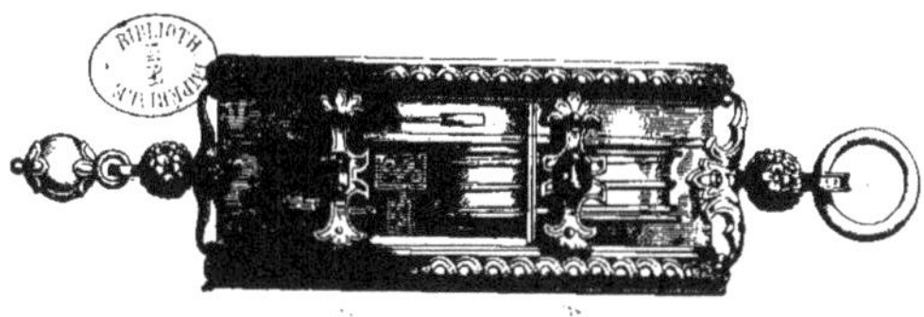

M.RIESTER sculp.

Elle est toute parsemée d'arabesques délicatement burinées, on y voit le coq et le balancier primitifs, ce qui fait remonter cette montre jusqu'au commencement du règne de Henri II ; elle est certainement de cette belle époque qu'illustrèrent tant de grands artistes, notamment Benvenuto Cellini et quelques-uns de ses émules.

PLANCHE XIII

FIGURE 1

La montre, fig. 1re, est une charmante fantaisie d'artiste : étant fermée c'est un bouton de tulipe, étant ouverte c'est la fleur épanouie. Le cadran, qui est en argent, a reçu de jolies gravures. Le mécanisme est bien traité. Les feuilles ouvrantes de la tulipe sont en argent uni. C'est la queue de la fleur qui forme l'anneau après lequel on attachait la chaîne ou le cordon. Il a fallu beaucoup d'habileté pour exécuter les parties de cette montre, pour enchâsser le mouvement dans la boîte de manière à ce que les organes ne fussent pas gênés dans l'enveloppe. L'horloger qui a fait ce travail vivait au commencement du xviie siècle, il habitait la ville d'Auch et se nommait Rugend.

FIGURE 2

La fig. 2 offre une pièce d'un caractère plus austère : elle est de forme octogone et d'une notable épaisseur ; les couvercles, qui s'ouvrent à charnière de chaque côté, sont simplement en argent uni. Les huit faces du pourtour forment huit petits tableaux représentant des fleurs, des fruits et divers ornements découpés à jour, comme les délicates guipures que confectionnent aujourd'hui les dames dans les *salons princiers* de la petite bourgeoisie. Cette montre est à sonnerie, à réveille-matin ; elle marque le quantième du mois et les jours de la semaine par un excellent système qui a été imité tout récemment par des horlogers de Paris et de la Suisse, lesquels, pour cette découverte qui date de trois siècles, n'ont pas manqué de

M. PACINETTI DEL. ET DIR.
C. SAUNIER SCULP.

A RACINET DEL ET DIR
C SAUNIER SCULP

se faire donner des brevets d'invention... sans garantie du gouvernement. Je pourrais divulguer ici bien des plagiats de ce genre, mais à quoi bon? laissons les Robert Macaire de l'horlogerie moderne battre la grosse caisse sur le seuil de leur boutique, ils n'attrapent que les sots; d'ailleurs, le XVIe siècle est assez riche pour supporter tous les vols de cette nature.

PLANCHE XIV

J'ai déjà dit que cette forme de montre était de l'époque de François Ier. La dimension de celle-ci en fait plutôt une horloge qu'une montre. Elle est à sonnerie, à réveille-matin, et les organes qui la composent sont l'œuvre d'un ouvrier fort habile, soit de Nuremberg, soit de toute autre ville de l'Allemagne. La boîte de cette horloge est en cuivre doré et à jour dans toutes ses parties, comme on le voit dans la figure. Les deux couvercles sont particulièrement remarquables. Chacun d'eux porte à son centre une large rosace d'un beau caractère et dont les détails sont ciselés avec cette perfection qui distingue les bijoux du règne de Charles-Quint. L'anneau de cette boîte n'est pas moins riche sous le double rapport du dessin et de la ciselure. Le cadran a le même avantage. Les dessins dont il est orné rappellent ceux que l'on trouve assez souvent dans les missels manuscrits des XIVe et XVe siècles.

PLANCHE XV

Cette petite horloge en cuivre doré représente une tour ou forteresse
hexagone du moyen âge; elle est dépourvue d'ornements : c'est une simple
reproduction en petit d'un monument qui existait sans doute encore au
xvi⁰ siècle. Le cadran est placé au milieu d'une des faces; six tourelles cré-
nelées occupent les six angles; la coupole ou la toiture de l'édifice est
divisée en six compartiments égaux qui se terminent en ogives. Au milieu
de chacun de ces compartiments est une fenêtre en saillie surmontée d'un
petit toit en forme de pignon. Cette pendule est à sonnerie; le mouvement
appartient à la seconde moitié du xvi⁰ siècle, mais il n'est pas signé.

La petite montre qui est au-dessous de cette horloge est en cristal de
roche à huit pans rentrants. Les cristaux du dessus et du dessous sont taillés
en rayons allongés formant coquille. La plaque de cuivre doré qui porte le
mouvement suit les contours de la boîte. Au milieu de cette plaque est
incrusté un disque d'argent sur lequel les heures sont gravées. De légers
dessins entourent ce disque que parcourt dans son mouvement de rotation
une fine aiguille en cuivre doré. La construction du rouage prouve que cette
montre a été faite sous le règne de Henri II. Elle n'a ni fusée, ni corde de
boyau, ni chaîne. La fusée, nous l'avons déjà dit, ne fut inventée que vers
la fin du règne de François Iᵉʳ. Beaucoup d'artistes refusèrent d'abord
d'adopter ce nouveau système, mais enfin il prévalut, car il est bien préfé-
rable, et depuis Henri II jusqu'à nos jours il n'a pas cessé d'être en usage
en Europe. L'auteur de cette petite montre se nommait Thomas Franck;
j'ignore quelle ville il habitait.

FIGURE 1

La fig. 1 offre une petite montre en cristal de roche formant douze lobes égaux qui se réunissent au-dessous de la boîte, et forment une étoile de douze rayons; le couvercle, s'ouvrant à charnière, au-dessus du cadran, est aussi en cristal taillé en étoile de douze rayons; cette taille est heureuse et permet de voir les douze heures sur le cadran. Celui-ci est en cuivre doré, il porte un cercle horaire en argent au centre duquel est un petit paysage champêtre finement gravé. Les autres parties de la plaque de cuivre sont couvertes de fleurs microscopiques, parmi lesquelles on distingue des tulipes. Cette montre, signée J. Heliger, à Zug, est de l'époque de Henri III.

FIGURE 2

La fig. 2 présente une montre octogone en or émaillé blanc, bleu et rouge. Dans les huit pans qui forment les côtés sont incrustés huit cristaux de roche biseautés; ces cristaux, solidement sertis dans leurs rainures d'or, laissent voir la plupart des organes du mouvement. La queue de cette montre, d'un ovale allongé, est mobile sur sa charnière et s'ouvre comme un porte-mousqueton. Le cadran, en or fin, est émaillé comme la boîte : il présente de jolis dessins à jour. Le petit cercle des heures porte des chiffres turcs en émail noir sur fond d'or. Un cristal de roche biseauté est enchâssé dans le cercle d'or émaillé qui ferme sur le cadran. Cette pièce est de l'époque de Louis XIII; il est probable qu'elle fut faite à Venise ou à Florence pour quelque haut personnage de l'Empire ottoman.

A MARINET DEL ET DIR.   C SANNIER SCULP

FIGURE 3

C'est encore là une montre enchâssée dans du cristal de roche; elle forme cinq pans arrondis; le cadran est en argent, la gravure en est très-fine. Cinq petits compartiments sont gravés autour du cadran, chacun d'eux forme un demi-cercle où sont représentés des amours couchés sur des fleurs et plusieurs autres sujets galants. L'aiguille, comme on le voit dans la figure, est en forme de lézard; elle est émaillée jaune et vert. Le mouvement d'horlogerie est tout primitif, il a dû être fait sous Henri II. L'auteur est Phélisot, horloger de la ville de Dijon. Nous ne connaissons qu'une montre qui, pour la grâce et la distinction, puisse rivaliser avec celle-ci, elle fait partie de la collection de M. Sauvageot; mais au lieu de porter le nom de Phélisot elle porte celui de Joly, à Paris.

FIGURE 4

Cette montre, de forme octogone, est de la fin du xvi° siècle; sa boîte est en topaze d'Orient, sa monture et son cadran sont en or fin; ce cadran est parsemé de fleurs et de rameaux émaillés de plusieurs couleurs translucides. Cette montre n'est pas signée mais le travail intérieur me fait supposer qu'elle est anglaise. Elle a dû coûter dans l'origine un prix exorbitant.

PLANCHE XVII

FIGURE 1

La boîte étant fermée offre un charmant bouton de tulipe en or entièrement couvert d'émail blanc, vert et rouge aventurine, formant des rinceaux
chargés de fleurs délicatement dessinées. Des fils d'or en relief et polis encadrent les feuilles de la tulipe et rehaussent l'éclat des émaux. Le cadran est
en or émaillé des mêmes couleurs. Le mouvement est du célèbre horloger
Jacques Jolly, qui vivait sous le règne de Charles IX.

FIGURE 2

Elle représente le côté opposé de là même montre : je l'ai fait graver
séparément pour que l'amateur puisse en distinguer tous les détails.

FIGURE 3

Voici un autre bijou de fantaisie et d'une grande rareté. C'est une montre
dont la boîte est en ambre et qui forme un bouton de pavot. La monture est
en or fin très-habilement gravé. L'ambre est maintenu solidement par six
griffes soudées à la monture et par six fils d'or qui, placés entre les lobes
de la fleur, se réunissent au bouton d'or formant la queue de la montre. Ce
bouton porte un petit anneau mobile. Le cadran de cette pièce est en argent
gravé comme le cercle de la monture ; le couvercle a la forme de la boîte,

il retient avec des griffes un cristal de roche au travers duquel on voit l'aiguille et les heures. Cette montre et la précédente ont dû coûter un prix énorme ; elles n'ont pu appartenir qu'à quelques grandes dames de l'époque de Charles IX. Depuis lors elles ont passé par bien des mains, mais heureusement elles en sont sorties intactes.

FIGURE 4

J'ai déjà décrit plusieurs croix latines (pl. v), celle-ci ne diffère des premières qu'en ce que les bras de la croix sont arrondis. Le cadran d'argent est très-riche de dessins et gravures en champ-levé. Tous les côtés de cette croix sont gravés de la même manière, ils offrent des détails d'une exécution admirable. Cette pièce est en argent doré ; le mécanisme, bien conservé, appartient à la seconde moitié du xvi⁰ siècle.

PLANCHE XVIII

Voici une horloge octogone en bronze doré. Huit figures sculptées en relief occupent les huit faces, ce sont : Jupiter, Apollon, Diane, Saturne, Mars, Vénus, Mercure et Pallas. Aux angles du monument sont des pilastres surmontés de chapiteaux sculptés. Ces pilastres servent de cadre aux figures. Au-dessus de l'entablement est placé le cadran des heures et concentriquement celui du réveille-matin. Ces cadrans, couverts d'émaux de diverses couleurs, représentant des fleurs idéales, des arabesques, des oiseaux, sont magnifiques. L'aiguille est en acier bleui, elle est terminée par une main en cuivre doré dont l'index montre l'heure. Cette pièce ne porte ni signature ni date. Je la crois allemande et de l'époque de Ferdinand d'Autriche, frère de Charles-Quint.

A. RACINET DEL. ET DIR.
C. SAUNIER SCULP.

PLANCHE XIX

FIGURE 1

La forme de cette petite montre est celle d'une poire légèrement aplatie. Elle est en argent doré et tout unie. De jolis dessins et arabesques émaillés décorent le cadran que recouvre un cristal de roche. Cette montre est de la fin du xvie siècle ; elle fut faite par l'horloger Kreitzer Conrat, de la ville de Strasbourg.

FIGURE 2

La collection du prince Soltykoff contient deux montres exactement semblables ; je n'en ai fait graver qu'une seule. Le mouvement est enchâssé dans du cristal de roche ; le cadran est en argent gravé et émaillé ; l'aiguille est en cuivre doré, elle représente un cœur traversé par une flèche : c'est le bout de la flèche qui marque les heures Ces sortes de montres étaient communes sous Charles IX ; mais la forme d'un cœur n'offrant qu'une superficie restreinte et peu favorable pour le jeu des pièces du mécanisme, ces montres se détériorèrent rapidement, et dès la fin du xviie siècle il n'en restait qu'un petit nombre en Europe, elles sont donc aujourd'hui très-rares ; celles du prince Soltykoff sont intactes, ce qui augmente de beaucoup leur valeur.

FIGURE 3

Nous avons déjà décrit une montre en forme de coquille ; celle-ci ne diffère de la première qu'en ce que le pourtour est en argent, tandis que l'autre est en cristal. Celle représentée ici, fig. 3, s'ouvre à charnière de chaque côté, et les cercles ou lunettes retiennent par des griffes des cristaux de roche taillés en coquille. Le cadran est très-finement gravé en champ-levé. Près de la charnière, au haut du cadre, plane une figure du Saint-Esprit. Des arabesques couvrent les autres parties du cadran. La montre est de la belle époque de Henri III.

FIGURE 4

Cette pièce est octogone et en cristal de roche, le cadran seul est en métal. Comme nous avons déjà décrit plusieurs montres de ce genre, nous nous contenterons de dire que celle-ci est de l'époque de Henri III. La figure est suffisamment explicative.

PLANCHE XX

C'est une petite horloge carrée surmontée d'un dôme et soutenue par
quatre lions. Le dessous de cette pièce présente une grande quantité de
dessins gravés au burin. Une des faces du monument est trouée pour le
passage du cadran ; au-dessous de celui-ci est un espace rempli par des dessins à jour d'un très-bel effet ; les autres parties de la même face sont rem-
plies par des figures gravées en champ-levé dont l'une représente la Justice
avec sa balance, l'autre la Force tenant un glaive à la main. Au-dessus de
leur tête sont deux cavaliers équipés à la romaine et galopant sur des chevaux d'une forte encolure. Au milieu de chacune des trois autres faces sont
des compartiments ovales découpés à jour offrant des figures fantastiques
d'hommes, de femmes et d'animaux, mêlés à des ornements orientaux.
Autour des compartiments sont des dessins également fantastiques offrant
des figures symboliques, des centaures ailés, des faunes, des chimères et
une multitude d'ornements divers d'une charmante naïveté et gravés avec
talent. La coupole à jour est d'une grande richesse artistique : les figures
sont toutes plus ou moins orientales. Cette coupole est surmontée d'une
statuette de femme, portant des ailes ; c'est sans doute la Renommée. Le
mouvement d'horlogerie est fort bien fait, il marque et sonne les heures,
il est aussi à réveille-matin. La gaîne de cette horloge est caractéristique, elle
est parsemée de fleurs de lis. L'anagramme GG prouve que cette jolie pièce
a appartenu à Gaston d'Orléans, fils de Henri IV.

DESCRIPTION DES MONTRES ET HORLOGES DE LA COLLECTION
QUI N'ONT PAS ÉTÉ GRAVÉES

N° 1

Montre octogone enchâssée dans du cristal de roche, taillé à facettes. Les heures sont peintes sur un cercle d'argent fin qui se détache en relief sur un fond d'or admirablement gravé et ciselé. Le centre est rempli par un paysage gracieusement dessiné; la composition en est naïve et charmante : des arbres feuillus, des maisons et plusieurs moulins assis sur un cours d'eau qui serpente dans la campagne forment ce tableau. L'aiguille marquant les heures se termine par une fleur de lis. Cette montre fut faite par Melchior Adam, horloger de Paris, qui vivait sous le règne de Henri III.

N° 2

La montre inscrite sous ce numéro est de forme ovale et en argent fin ; les deux cercles ou lunettes, dont l'un s'ouvre à charnière du côté du cadran et l'autre du côté opposé, servent d'alvéoles à deux fins cristaux taillés à facettes. Entre ces deux cercles est l'anneau ou pourtour ovale de la montre sur lequel sont gravés en champ-levé des amours, des rinceaux, des fruits et des fleurs. Le cadran en cuivre doré est aussi gravé en champ-levé. Au-dessus de midi on voit deux amours couchés sur des fleurs, au-dessous de leurs pieds sont deux lapins. Un peu plus bas l'artiste a buriné des fleurs de diverses espèces. Au-dessous de six heures on remarque une jeune femme gracieusement couchée sur le côté droit; son geste indique la souffrance, souffrance d'amour sans doute, car le dieu Cupidon, qui se tient à côté d'elle, vient de lui lancer une des flèches de son carquois. La jeune femme détourne la tête pour ne pas voir le fils de Vénus : il est trop tard, elle aime, elle souffrira. Cette même jeune femme est reproduite dans la partie concentrique du cercle horaire; elle est debout et se désole, car celui qu'elle aime gît à ses pieds : la mort désormais les sépare. L'anneau rond qui sert à suspendre la montre est attaché à un bouton de forme ovale très-richement ciselé; quatre griffes, également ciselées, ont leur point d'appui sur le sommet du pourtour de la boîte entre les deux charnières. Au point opposé de ce pourtour est un autre bouton, mais celui-ci est rond comme une petite boule et

tient à la boîte comme le précédent par des griffes ciselées. En somme,
cette montre est très-élégante, son mécanisme est parfait. Elle fut faite à
Blois, par Marc Girard, vers la fin du règne de Henri III.

N° 3

C'est encore une montre ovale de la fabrique de Blois; elle porte le nom
de Pasquier Peiras, lequel était contemporain de Marc Girard. Il serait
superflu de donner la description détaillée de cette pièce, car je serais
obligé de répéter ce que je viens de dire de la précédente. Le cadran seul
est différent en ce qui concerne la gravure. Un jeune homme nu, molle-
ment étendu sur des rameaux, occupe le haut du cadran; une jeune femme,
également nue, et dans l'attitude de la Vénus du Titien, repose au-dessous
de six heures. Ces deux figures sont délicieusement dessinées, et la gravure
en champ-levé en est parfaite. Le centre du cadran est rempli par un Saint-
Esprit planant au-dessus d'un champ parsemé de fleurs. Le cercle des heures,
qui est en argent, se détache en relief sur un fond d'or. Dans l'intérieur
de l'un des couvercles ovales on trouve une jolie boussole et un cadran
solaire.

N° 4

C'est là une montre octogone d'une rare beauté. Huit cristaux de roche
sont maintenus dans des montures d'or fin, enrichies d'émaux blancs, noirs
et bleus. Le cadran, sur fond noir, est couvert de fleurs émaillées autour desquelles sont des rinceaux en or poli, les cercles ou lunettes sont également en
or émaillé et retiennent les cristaux au travers desquels on voit d'un côté
les heures et de l'autre la platine du mouvement. Cette platine est tout émaillée comme les parties métalliques de la boîte; le coq lui-même est parsemé
de fleurs émaillées. Cette montre n'est pas signée; elle est vraisemblable-
ment de l'époque de Henri IV.

N° 5

Voici encore un charmant bijou de l'époque des Valois. C'est une toute
petite montre en cristal de roche montée en or fin; le cristal forme huit pans
allongés et taillés à facettes comme les diamants. Le cadran est en or gravé
en champ-levé. Le centre est en émail vert translucide. On y distingue une
jolie petite rosace. Les deux boutons que l'on voit aux deux extrémités de

la montre sont aussi en or fin émaillé. Cette montre a été construite sous Charles IX, par le docteur Duchemin, horloger de la ville de Rouen.

Il est à remarquer que ce fut sous le règne de l'avant-dernier des Valois que l'on fabriqua les plus petites montres. Charles IX, artiste lui-même et poëte, aimait beaucoup ces sortes de bijoux.

N° 6

Maître Regnier, horloger de Paris (peut-être était-ce un parent du poëte satirique de ce nom), a signé cette montre; il vivait à la fin du règne de Henri IV et son travail devait être estimé, car les pièces que j'ai vues de lui sont bien faites. Celle-ci est octogone et en cristal de roche taillé à facettes; le mouvement porte la corde de boyau; le coq est découpé à jour. Le cadran, qui est en cuivre doré, a reçu divers ornements finement gravés; le centre occupé par l'aiguille marquant les heures offre un petit paysage tout champêtre, au bas de ce cadran est un pont rustique jeté sur un cours d'eau, un âne bâté et chargé traverse ce pont. Un homme armé d'une gaule suit à grands pas l'animal aux longues oreilles. Au bout du pont est un sentier conduisant à un petit village bâti sur une éminence. L'horizon est caché par trois monts ou pics sur l'un desquels on aperçoit un moulin à vent. Le village est dominé par une tour ou citadelle crénelée ayant son pont-levis, ses poivrières, etc.

N° 7

Presque toutes les pièces d'horlogerie que renferme la collection du prince Soltykoff sont fines et charmantes, et pour les décrire je suis obligé d'employer à peu près les mêmes formules, les mêmes mots admiratifs; mais qu'y faire? Pour ne pas m'éloigner de la vérité, il faut toujours que j'admire; c'est monotone, je le sais, c'est rebutant peut-être pour le lecteur, mais ce n'est pas ma faute, c'est celle du prince qui n'a pas voulu faire entrer dans sa collection des pièces médiocres ou de mauvais goût que j'aurais pu alors raisonnablement critiquer. Cette occasion ne m'ayant pas été offerte, j'en prends mon parti et je poursuis ma route.

La montre n° 7 est de l'époque de François II ou de Charles IX. La boîte est une topaze creusée au centre et taillée à huit pans sur les côtés par un habile lapidaire. Le cadran est en argent gravé et émaillé. L'aiguille, en or fin, se détache en relief sur le fond blanc. Le mouvement est de cette école

si remarquable dont furent les chefs, durant la première moitié du xvi⁰ siècle, Myrmécide, Carovagius, et en dernier lieu Oronce Finé, le savant professeur de mathématiques de François Iᵉʳ, l'auteur de la célèbre horloge
astronomique qui existe encore aujourd'hui dans la salle des manuscrits
de la Bibliothèque Sainte-Geneviève. En effet, cette école donna un
vif élan à l'art de l'horlogerie, et la montre inscrite sous ce numéro
en est un brillant spécimen. Elle fut très-certainement portée par plusieurs
grandes dames; son aiguille des heures fut souvent consultée par elles
pour leurs rendez-vous d'affaires ou de plaisirs. Hélas! ces grandes dames
vieillirent et moururent successivement, tandis que cette montre, malgré
ses trois siècles, est encore rayonnante de jeunesse et de beauté. Les
objets d'art ne vieillissent pas ; leur valeur augmente dans une notable
proportion à mesure que les générations s'écoulent.

N⁰ 8

Faite à Sedan par Isaac Fortfart, vers la fin du règne de Henri III, cette
montre de forme ovale est particulièrement remarquable par la beauté de
son cadran, dont la partie concentrique est découpée à jour et coquette-
ment ciselée. Le cercle horaire est en argent poli, mais le fond d'or qui
l'encadre a reçu de très-jolis ornements gravés. Le coq, le cliquet, et diverses autres pièces, offrent des guipures ou dentelles en or fin artiste-
ment travaillées.

N° 9

Ce numéro désigne encore une montre octogone en cristal de roche. Le
petit cadran, qui est en argent, se détache sur une surface plate dorée à l'or
moulu. Le centre de ce cadran est occupé par un paysage à peu près semblable à celui que j'ai décrit sous le N° 6. Au-dessus de midi plane un Saint-
Esprit. Autour de la monture de la boîte sont huit compartiments ou
tableaux dans chacun desquels on remarque un animal de vénerie, un cerf,
une biche, un lièvre, un chevreuil, etc. Le côté opposé du cadran, autour
de la petite platine du mouvement, est aussi divisé en huit tableaux offrant
à peu près les mêmes sujets. Jean Jacobs, horloger de la ville de Harlem, a
signé cette montre; elle porte le millésime de 1560.

N° 10

C'est là encore une montre de Henri Beraud, de Sedan ; elle forme un

16

gracieux petit bijou. Allongée comme une olive un peu tronquée par un de ses bouts, cette montre est en argent doré et tout uni, à l'exception d'une légère ceinture finement gravée. Le cadran est en or et parsemé de fleurs en émail blanc et jaune.

N° 11

Durant la seconde moitié du xvi⁰ siècle, on a fait un grand nombre de montres en cristal à huit pans, celle-ci n'a rien de particulièrement beau. Elle fut faite à Lyon par un bon horloger nommé Cellier.

N° 12

Nous trouvons encore ici une des plus belles pièces du xvi⁰ siècle. Elle représente Diane chasseresse montée sur un char traîné par deux chiens dogues. Elle est assise sur un fauteuil dont le dossier découpé à jour et ciselé se recourbe au-dessus de sa tête et forme un dais. La déesse tient d'une main un arc en acier et de l'autre un dard qu'elle s'apprête à lancer. Un carquois rempli de flèches est suspendu à son côté gauche. Outre les deux chiens traînant le char, on remarque un autre chien, d'une espèce différente, qui, placé près de Diane, la regarde armer son arc. Sur l'un des côtés du siége de la déesse se trouve le cadran des heures et minutes; sur l'autre côté sont deux autres cadrans d'inégale grandeur, dont l'un, le plus grand, marque les quarts et l'autre le réveil-matin. Le mouvement d'horlogerie est renfermé dans l'intérieur de ce siége, dont la partie postérieure offre une porte cintrée et vitrée au travers de laquelle on voit fonctionner les organes de l'horloge. Le char a pour appui une plaque de cuivre incrustée dans un socle de bois d'ébène élégamment profilé. Les dogues sont aussi sur une plaque de cuivre dont la largeur égale celle du socle et la longueur celle des chiens; elle est gravée et dorée comme la précédente; ces gravures sont très-fines. Les chiens sont attelés au char par deux chaînes d'acier servant de brancard; les guides sont en cuivre et reposent sur le timon, lequel est tenu horizontalement dans la gueule d'un monstre en bronze ciselé et doré. Sur les deux côtés du socle sont des ornements à jour se détachant sur un fond rouge; ces ornements sont en cuivre ciselé avec goût. L'intérieur du socle est rempli de rouages et de machines compliquées, mais bien faites, servant à faire mouvoir les roues du char et les figures. Ainsi, lorsque l'heure sonne, les dogues se mettent à courir en tournant la tête ; Diane, dont les yeux roulent dans leur orbite, fait partir la flèche ; le petit chien comme les dogues tourne la tête, et, enfin, la machine entière est emportée par l'action du mécanisme : elle peut rouler assez longtemps sur une surface plane. La statuette de la déesse est d'un dessin très-correct et d'un charmant modelé.

Les horloges à automates étaient nombreuses en Europe à la fin du XVIᵉ siècle ; elles sortaient presque toutes des fabriques allemandes et italiennes. Malheureusement ces machines étaient fragiles, l'usure et plus encore la maladresse de certains ouvriers, les détériorèrent promptement, et déjà, sous Louis XIV, il n'en existait qu'un petit nombre ; aujourd'hui, je doute qu'on en puisse trouver une seule qui soit complète ; celle-ci est une exception ; les injures du temps ne peuvent plus l'atteindre, les mauvais ouvriers ne la détruiront pas sous le prétexte de la restaurer. Elle fait partie d'une collection inaccessible aux charlatans, aux faiseurs ; elle va prendre place parmi bien des chefs-d'œuvre de la renaissance, et malgré ce redoutable voisinage, elle y sera certainement très-remarquée.

<h2 style="text-align:center">N° 13</h2>

Voici encore un chef-d'œuvre : c'est une montre octogone en cristal de roche. La monture est en or fin, émaillée bleu et vert. Le cadran est aussi en or et parsemé de bouquets émaillés de plusieurs couleurs. Le mouvement est resté dans son état primitif. Le coq, le cliquet et quelques autres pièces accessoires sont à jour et ciselés avec talent. Ce qui rend cette montre précieuse ce sont les cristaux : leurs facettes, gravées avec un art parfait, notamment celles des couvercles, offrent des rinceaux, des fleurs, des oiseaux délicatement travaillés. Sur la facette centrale de chacun de ces couvercles est gravé un amour debout ; l'un tient à la main un arc et une flèche, l'autre un flambeau et un carquois. Ces amours ont sans doute été burinés sur le cristal par un artiste habile, d'après quelque crayon du Primatice. Les amours que ce maître a peints dans ses plafonds de Fontainebleau et ailleurs, ont tous ces formes élégantes et sveltes que l'on retrouve avec plaisir sur le cristal de cette montre. Ce charmant bijou est de l'époque de Henri III, il fut fait par Lemand, horloger de la ville de Blois.

APPENDICE

L'HORLOGERIE AU XVIIᵉ SIÈCLE

Comme nous l'avons vu dans nos premiers chapitres, les montres et les petites horloges étaient merveilleusement belles, quant à la forme, à l'époque de la renaissance; mais elles laissaient beaucoup à désirer sous le rapport du mécanisme. Si, au XVIIᵉ siècle, sous le règne grandiose de Louis XIV, elles perdirent en partie leur élégance artistique, elles firent, comme nous l'avons dit, de notables progrès sous le rapport purement scientifique.

Les montres qui se fabriquèrent à cette époque eurent la forme d'une boule aplatie. Elles étaient en or, en argent ou en cuivre. Celles en or, destinées aux personnes riches, étaient couvertes de peintures sur émail, représentant des sujets bibliques empruntés aux tableaux de Léonard de Vinci, de Pérugin, de Raphaël, d'André del Sarte, de Lesueur, de Lebrun, de Mignard, etc. Les cadrans étaient pour la plupart en émail blanc, mais on en faisait aussi quelquefois en or ou en argent gravé. Les montres en argent étaient unies ou gravées, souvent on les décorait de figures sculptées en relief. Quant aux montres en cuivre, elles étaient fort épaisses et d'une rotondité presque complète. On faisait encore alors, particulièrement pour les monastères, des montres en forme de croix latine; nous en avons vu dont les boîtes étaient en cristal de roche uni ou taillé à facettes.

A la même époque, les horloges d'appartement subirent les mêmes modifications que les montres. Aux formes si riches et si élégantes de la renaissance succédèrent des formes lourdes, mal proportionnées; les ornements dont elles étaient revêtues ne brillaient ni par le dessin, ni par la ciselure. Ce qui fait du règne de Louis XIV une époque glorieuse pour l'horlogerie, c'est que ce fut sous ce prince que l'on appliqua le pendule aux horloges; et le ressort spiral réglant aux balanciers des montres. La première de ces admirables inventions est due à deux hommes à jamais célèbres dans l'histoire de l'astronomie et de l'horlogerie : ce sont Galilée et Huyghens. Le premier qui s'était déjà servi du pendule pour faire des observations astronomiques eut l'idée d'en faire l'application aux horloges; mais il est vraisemblable qu'il ne mit pas son projet à exécution, ou que son application ne fut pas couronnée de succès, car il n'en était plus question en 1656. Ce fut alors que Huyghens, grand mathématicien d'origine hollandaise, mit en pratique l'heureuse découverte de Galilée. Cette invention ouvrit une ère nouvelle à l'horlogerie; et cet art, déjà haut placé dans l'estime des hommes, devint tout à coup une science positive du premier ordre.

Les horlogers et tous les savants de l'Europe reconnurent spontanément la supériorité du pendule sur le balancier, et celui-ci fut généralement abandonné. Les horloges monumentales, comme celles qui servaient à donner l'heure dans les appartements, furent faites d'après le nouveau système, et par là ces horloges acquirent un degré de précision que nul savant n'aurait osé espérer avant l'invention du pendule. On conçoit que ce système ne pouvait pas s'adapter aux montres, qui, étant souvent portées, restaient rarement dans la même position; par conséquent, leur marche eût continué d'être irrégulière si une invention encore plus admirable, s'il est possible, que la première n'était venue changer la face des choses : nous voulons parler du ressort-spiral.

Trois hommes se disputent l'honneur de cette invention : ce sont le docteur Hook, de Londres; l'abbé Hautefeuille, d'Orléans et Huyghens. Il est probable que ces trois célèbres mathématiciens eussent simultanément la même idée, et qu'ils cherchèrent, chacun de son côté, les moyens de rendre isochrones les vibrations du balancier par le ressort-spiral. Ce fut Huyghens, qui, dans cette circonstance, eut la meilleure inspiration, et c'est à lui que la science est redevable de cette excellente application. Cette découverte date de 1674, et c'est seulement depuis cette époque que les montres ont pu marquer l'heure avec une exactitude à peu près comparable à celle des horloges.

Huyghens fut aussi l'inventeur d'une pièce fort ingénieuse nommée

Cycloïde, et qui servit à égaliser la durée des vibrations du pendule; ce qui était fort utile à l'époque où l'échappement à verge était seul connu; mais, aussitôt que ce premier modérateur du rouage des horloges fut remplacé par l'échappement à ancre, avec lequel on peut faire décrire au pendule de très-petites vibrations, la cycloïde fut abandonnée sans retour. Si nous l'avons mentionnée ici, c'est parce qu'elle fait honneur au génie inventif de Huyghens, et qu'elle est liée à l'histoire de l'art (voy. note 3).

Ce fut aussi sous Louis XIV que l'on inventa les pendules et les montres à répétition, l'échappement à ancre dont nous venons de parler, l'outil à fendre les roues, et plusieurs autres pièces mécaniques dont la description nous mènerait trop loin.

A cette même époque il y avait en Allemagne, en Hollande, en Suisse, et surtout en Angleterre, des artistes en horlogerie infiniment supérieurs à ceux de France. Les horloges, les pendules et les montres allemandes étaient exécutées avec talent, justesse et précision. Les pièces hollandaises possédaient les mêmes qualités; elles avaient plus d'originalité dans leurs formes. Leurs vieilles horloges et leurs carillons sont encore aujourd'hui remarquables par l'invention et par la manière dont ils ont été exécutés. Les Suisses se distinguaient particulièrement dans les montres qu'ils fabriquaient. On leur doit aussi plusieurs inventions admirables, et entre autres celle des chaînes de fusée qui, comme nous l'avons déjà dit, remplacèrent avantageusement les cordes de boyau. Quant à l'Angleterre, elle renfermait dans ses principales villes, et surtout à Londres, des horlogers du plus haut mérite. Les écrivains de cette époque nous ont fait connaître à quel point l'horlogerie avait été perfectionnée sous les règnes de Charles II et de Jacques II; la Société royale de Londres renferme dans ses archives de nombreux mémoires dans lesquels on découvre de belles inventions. On voit encore aujourd'hui, dans les châteaux, les palais, les musées, les églises, les cabinets d'amateur de l'Angleterre, des horloges, des pendules et des montres du xviie siècle qui toutes attestent le talent des artistes qui les ont exécutées. C'était donc en vain que les ouvriers français luttaient contre les artistes anglais; ceux-ci conservaient un avantage marqué, une supériorité incontestable, et cette prépondérance, ils la gardèrent jusqu'au commencement du xviiie siècle. Nous dirons bientôt comment ils la perdirent et par qui elle leur fut enlevée.

Cependant la France, dans les dernières années du règne de Louis XIV, possédait déjà une assez grande quantité d'artistes distingués, qui tirèrent un bon parti des inventions de Huyghens et de ses émules. On n'était pas encore arrivé aux beaux jours de l'horlogerie française ; mais on commençait à en pressentir le moment.

Parmi les horlogers ou savants qui s'illustrèrent à cette époque, nous citerons, outre ceux que nous avons nommés, Hœften, Pierre Georges, Martinot, Haye, Marlot, Guillelmi Oughtred, qui a fait imprimer un livre, en 1677, dans lequel il donne la théorie des engrenages, et des préceptes pour exécuter des pièces compliquées, telles que des horloges astronomiques, etc. Vers la même époque, Alimenis était célèbre à Rome. Il exécuta, pour le pape Alexandre VII, une horloge de nuit qui fut généralement admirée. Gilbert Clark est encore un des savants qui honorèrent la fin du siècle de Louis XIV. Son traité de la construction des horloges, imprimé à Londres en 1682, est, suivant le rapport de Leibnitz, un ouvrage remarquable. Nous ne devons pas oublier non plus le savant Gaspard Schott, qui dans son livre intitulé : *Jesu Thecnica curiosa, seu mirabilia artis*, a donné quelques bons principes de mécanique, de physique appliquée à l'horlogerie. Ce livre est rempli de figures techniques, à l'aide desquelles l'auteur explique la théorie des engrenages, des échappements, les effets des forces motrices, et autres sujets intéressants au point de vue de l'art.

Un autre livre, celui de M. de Servière, n'est pas moins intéressant : on y trouve la description de plusieurs horloges très-curieuses et dont on s'occupa beaucoup vers la fin du règne de Louis XIV. Ces horloges étaient au nombre de dix-sept. Nous allons en reproduire la description.

La première de ces machines représentait un dôme soutenu par six colonnes assises sur une base hexagone. Autour de ces colonnes, qui formaient une espèce de rotonde, il y avait deux rangs de fils de cuivre, parallèles entre eux, qui de la base montaient en spirale jusqu'au sommet du dôme. Ces fils étaient arrêtés aux colonnes avec de petites consoles, et ils servaient de canal à une balle de cuivre qui, par son propre poids, parcourant en descendant toute l'étendue des fils de cuivre, arrivait enfin dans une petite ouverture qui était au pied de la rotonde. Aussitôt que la balle étant à la base entrait dans cette ouverture, elle y trouvait un ressort dont elle faisait lâcher la détente laquelle la repoussait toujours avec la même justesse, de bas en haut, dans l'endroit où les fils de cuivre placés parallèlement lui traçaient le chemin qu'elle avait à parcourir en descendant. Cette balle continuait ce manége sans jamais s'arrêter ; et comme elle n'employait pas plus de temps une fois qu'une autre pour monter ou pour descendre le long de la rotonde, et que, proportionnément à ce temps toujours égal, on avait fait les roues du cadran de cette horloge, la balle faisait marquer les heures à l'horloge avec beaucoup de justesse.

La seconde horloge avait beaucoup de rapport avec la première; elle n'en différait qu'en ce que la petite balle, au lieu d'être lancée par l'action d'un ressort au sommet du dôme, y était portée visiblement par un petit seau qui montait et descendait, etc.

La troisième horloge était un tableau sur lequel il y avait des liteaux posés les uns sur les autres diagonalement en zigzag; ces liteaux servaient de canal à deux balles, lesquelles, étant arrivées en bas, remontaient dans l'épaisseur du cadre, etc. Les heures étaient marquées en bas du tableau.

Dans la quatrième horloge, les fils de cuivre étaient lacés dans quatre colonnes, et, quand la balle était en bas, elle remontait dans une vis d'Archimède, et ensuite redescendait sur les fils, et par ce continuel mouvement elle faisait marcher l'horloge, dont les cadrans étaient aux faces de la base.

La cinquième horloge était un pupitre sur lequel étaient des liteaux disposés comme dans la quatrième horloge, etc.; ce pupitre pouvait s'ouvrir, etc.

La septième horloge consistait en une boîte cylindrique qui, étant posée du côté de la surface curviligne, sur un plan incliné, semblait s'y tenir immobile contre la nature des figures rondes qui roulent ordinairement avec précipitation tant qu'elles trouvent de la pente. Celle-ci (la boîte en question) descendait sur son plan incliné, imperceptiblement et avec mesure. Cette boîte était de cuivre; elle avait environ cinq pouces de diamètre, et le plan sur lequel elle était posée avait quatre pieds de longueur. Les heures étaient écrites sur l'épaisseur de ce plan incliné, et sur la circonférence de la boîte, laquelle avait une aiguille à deux pointes qui se tenaient toujours perpendiculairement, et qui marquait l'heure courante en deux endroits différents, savoir : par sa pointe inférieure, elle la marquait sur le plan incliné. Cette horloge n'avait ni ressort, ni contre-poids. La durée du temps qu'elle marchait était proportionnée à la longueur du plan incliné. Elle ne recevait son mouvement que par l'effort que la figure ronde se faisait de se tenir sur le plan incliné contre son penchant naturel. On en faisait l'expérience de cette manière. Lorsque la boîte était sur son plan incliné, elle descendait imperceptiblement et avec mesure, en marquant les heures comme nous l'avons dit, et l'on entendait le mouvement de son balancier;

mais aussitôt que l'on retirait la boîte de dessus son plan incliné, et qu'on la posait sur un plan horizontal, le mouvement de l'horloge cessait, et on n'entendait plus le mouvement de son balancier, parce qu'alors la figure ronde étant dans son état naturel, il ne se faisait plus d'effort.

Les huitième et neuvième horloges étaient faites sur le même principe. La longueur et la disposition du plan incliné en faisaient toute la différence. Ce plan pouvait être tellement prolongé que l'horloge pouvait marcher pendant plus d'une semaine sans qu'on remontât la boîte, etc.

Les pièces dixième et onzième étaient des horloges de sable qui n'avaient rien de bien remarquable.

La douzième horloge était un globe céleste qui tournait sur la tête d'un atlas, etc.

L'horloge quatorzième avait son cadran en ovale, et son aiguille s'allongeait et s'accourcissait suivant les différents diamètres de l'ovale, en marquant les heures. Au-dessous de ce cadran, il y avait une niche par laquelle on voyait sortir des figures qui marquaient les différents jours de la semaine.

L'horloge seizième avait son mouvement semblable à celui des pendules simples; son cadran seul en était différent : il n'avait point d'aiguilles, mais à leur place il y avait deux cercles inégaux, dont le plus grand marquait les heures, et le plus petit les quarts. Ces deux cercles étaient cachés dans l'intérieur de la machine; ils ne faisaient paraître, par des ouvertures, que l'heure courante. Ce qui rendait cette machine très-commode, c'est que les caractères qui marquaient les différentes heures étaient taillés à jour sur les cercles, et pouvaient par conséquent s'apercevoir pendant la nuit, au moyen d'une lampe que l'on plaçait derrière la machine, et dont la lueur ne paraissait qu'à travers les petits vides qui les formaient, etc.

L'horloge dix-septième était un plat d'étain sur le bord duquel les heures étaient gravées comme sur un cadran. Après avoir rempli d'eau ce plat, on y jetait une figure de tortue de liége qui allait chercher l'heure courante pour la marquer avec son petit museau; lorsqu'elle l'avait trouvée, elle s'y arrêtait; si on voulait l'en éloigner, elle y retournait aussitôt, et si on l'y laissait, elle suivait imperceptiblement les bords du plat marquant toujours les heures.

Un mot sur la Samaritaine. Bien des vieillards qui vivent encore aujourd'hui se souviennent de l'avoir vue fonctionner sur le Pont-Neuf, elle en était un des plus beaux ornements. Cet édifice, commencé sous Henri III, ne fut totalement achevé que sous Louis XIV. Il renfermait une pompe qui élevait l'eau et la distribuait ensuite par plusieurs canaux , au Louvre et à quelques autres quartiers de Paris.

« Les anciens, rapporte Claude Malingre, auteur des *Antiquités de la ville de Paris*, avaient ignoré l'industrie de faire élever et remonter les eaux plus haut que leur source, et le roi a ci-devant employé les plus ingénieuses et hardies inventions qui se sont offertes à en laisser la preuve admirable sur ce pont, telle que nous la voyons, et qui ne permet plus que nous et les nôtres demeurions en cette ignorance. C'est une Samaritaine, laquelle verse de l'eau à Notre-Seigneur, et au-dessus une industrieuse horloge qui, non-seulement marque et montre les heures devant midi en montant, et celles qui suivent après en descendant, mais aussi qui sert à connaître quel chemin le soleil et la lune font sur notre horizon, représenté, selon la diversité de leurs cours, par une pomme d'ébène : voire qui représente les mois et les douze signes du zodiaque, compris dedans six espaces en montant, et six en dévalant. Plus, quand l'heure est prête à sonner, il y a derrière l'horloge certain nombre de clochettes, lesquelles représentent tantôt une chanson, tantôt une autre, qui s'entend de bien loin et est fort récréative. »

On a vu par l'ordonnance de Louis XIV, à l'article des corporations, que ce prince avait la conscience des grandes choses qui pouvaient s'accomplir par les perfectionnements de [l'horlogerie, et qu'il tenait cette science en grande considération. Il avait un goût particulier pour les montres à six roues et à secondes. Le savant De Camus était l'inventeur de ces sortes de montres, et il les décrit succinctement dans son *Traité des forces mouvantes*. Dans ce même traité, page 461, il donne la manière d'exécuter une montre à répétition qui sonne d'elle-même les heures et les quarts, sur trois timbres différents, avec un seul marteau , et à l'aide d'un seul rouage de sonnerie.

Louis XIV, Colbert et plusieurs grands personnages de la cour, avaient de ces montres qui étaient surtout fort commodes pour la nuit ou pour voyager en voiture. C'est à une de ces petites horloges que Corneille fait allusion dans sa comédie du *Menteur* :

> Ce discours ennuyeux enfin se termina ;
> Le bonhomme partait quand ma montre sonna.

De Camus fut aussi le premier qui construisit des pendules qui marchaient un an sans être remontées.

On voit encore aujourd'hui à Versailles, dans les appartements du roi, une horloge qui fut construite par Antoine Morand, de Pont-de-Vaux. A chaque fois que l'heure sonne, deux coqs, placés sur le haut de la machine chantent chacun trois fois en battant des ailes; en même temps, des portes à deux vantaux s'ouvrent de chaque côté, et deux figures en sortent portant chacune un timbre en forme de bouclier, sur lesquels deux amours, placés aux deux côtés de l'horloge, frappent alternativement les quarts avec des massues. Une figure de Louis XIV, semblable à celle qui était sur la place des Victoires, sort du milieu de la décoration. On voit en même temps s'ouvrir, au-dessus de lui, un nuage d'où la Victoire descend portant dans la main droite une couronne qu'elle pose sur la tête du roi; elle y reste pendant l'espace d'une demi-minute; puis alors, Louis XIV rentre dans l'horloge, la Victoire remonte, les figures se retirent, les portes se ferment, les nuages se réunissent et l'heure sonne.

Antoine Morand a eu d'autant plus de mérite en exécutant cette horloge très-compliquée, qu'il n'était pas horloger.

Malgré la faveur dont jouissaient au xvii⁰ siècle les horloges purement mécaniques, on se servait encore, surtout dans les monastères, de la clepsydre et du sablier. Il était même d'usage, dans certains couvents, de placer une de ces horloges au milieu de la table sur laquelle on servait le dîner des moines : c'était sans doute pour avertir ces religieux qu'ils ne devaient pas prolonger leur repas au delà des limites prescrites par la règle de la communauté.

L'HORLOGERIE AU XVIII⁰ SIÈCLE

Les arts mécaniques, et généralement les sciences positives, ne restent jamais stationnaires; ils marchent toujours dans la voie du progrès; mais ces progrès ne sont pas uniformes et ne se produisent pas constamment dans les mêmes pays.

Longtemps avant Périclès, les Égyptiens étaient déjà célèbres dans le monde par les connaissances qu'ils avaient acquises en astronomie, en physique, etc. L'école d'Alexandrie fut un flambeau vivant qui, pendant plus d'un siècle, rayonna dans toutes les contrées de l'Asie. Plus tard, les sciences et les arts se concentrèrent dans la Grèce, et bientôt après ce fut dans Rome qu'ils se réfugièrent. A la chute de ce puissant empire, les contrées occidentales de l'Europe s'étant peu à peu civilisées, les sciences se fixèrent dans cette partie du monde ; tandis que, au contraire, les Égyptiens, les Grecs et les Romains du Bas-Empire étaient tombés dans l'ignorance et dans la barbarie. Toutefois, les Européens ne furent pas subitement initiés aux sciences ; ils ne les acquirent que dans l'espace de plusieurs siècles. Ce ne fut, en effet, qu'à la fin du règne de Louis XII, ou au commencement de celui de son successeur, François Ier, que l'Europe se plaça définitivement à la tête de la civilisation. Cependant, les divers peuples de cette contrée ne furent pas savants dans une égale proportion.

L'Italie et l'Allemagne avaient acquis une prépondérance incontestable sur la France et l'Angleterre, et celles-ci se montraient supérieures à l'Espagne, au Portugal, à la Russie, etc.

En ce qui concerne l'horlogerie, elle fit d'abord des progrès remarquables en Allemagne, puis en Italie et en France ; puis enfin, comme nous l'avons dit précédemment, l'Angleterre conquit et conserva le sceptre de l'art pendant tout le cours du xviiᵉ siècle : rien même ne pouvait faire pressentir qu'elle le perdrait au xviiiᵉ siècle ; c'est cependant ce qui arriva.

Il ne faut que connaître l'histoire pour savoir que lorsque le chef d'un État civilisé manifeste un goût fortement prononcé soit pour une science, soit pour un art, il se trouve toujours des ministres et des courtisans prompts à se faire les protecteurs passionnés de l'art ou de la science qui est l'objet des prédilections du souverain. On voit alors surgir de tous côtés des savants ou des artistes qui, certains d'être remarqués et protégés, se livrent avec autant de confiance que d'ardeur aux travaux de la science ou de l'art qui est en faveur ; et celle-là, ou celui-ci, prend soudain un essor qui ne s'arrête qu'après avoir atteint son apogée.

Philippe d'Orléans, qui eut la régence du royaume après la mort de Louis XIV, avait du goût pour les arts mécaniques et particulièrement pour l'horlogerie ; et, comme il savait que les horlogers de l'Angleterre étaient supérieurs aux français, il résolut de changer cet état de choses. D'abord, il favorisa de tout son pouvoir ceux de nos ouvriers qui se distinguaient par des travaux remarquables ; puis, voulant créer une pépinière d'artistes d'élite, capables de soutenir la lutte avec les horlogers d'outre-Manche, il fit venir de Londres plusieurs horlogers d'un vrai mérite, qui s'établirent à Paris sous sa protection immédiate.

Le plus illustre parmi ces savants étrangers fut Sully, qui, par de belles inventions dans son art, et par la publication d'un bon livre sur l'horlogerie, se fit en France et surtout à Paris une excellente réputation. Sully (voy.

note 4) eut pour émules et pour amis Lebon et Gaudron, qui réunirent leurs communs efforts pour atteindre le but que s'était proposé le duc d'Orléans.

Julien Le Roy, après s'être distingué par une dextérité toute particulière, ne tarda pas à se signaler par des inventions précieuses. Il imagina d'abord une pendule à équation que l'Académie des Sciences honora de ses suffrages. Peu après, ayant lu, dans l'*Optique* de Newton, les expériences que celui-ci rapporte pour montrer les lois suivant lesquelles agit l'attraction de cohésion, Julien Le Roy eut l'idée de faire servir cette propriété des fluides à fixer l'huile aux pivots des roues et du balancier des montres, et par là, de diminuer considérablement l'usure et les frottements de ces parties. Pour cet effet, il imagina différentes pièces qui ont été généralement adoptées. Telles sont les *potences*, au moyen desquelles on peut rendre l'échappement aussi parfait qu'il puisse être, etc. Les montres anglaises à répétition avaient, à l'époque dont nous parlons, quatre enveloppes ou boîtes. Il arrivait de là que, malgré leur grosseur apparente, le mouvement de ces montres était si petit, et leur moteur si faible, que les moindres variations dans la ténacité de l'huile y produisaient des erreurs considérables.

Au moyen des répétitions sans timbre, Julien Le Roy supprima trois boîtes sur quatre, en sorte que le mouvement d'une répétition de cet habile horloger est à celui d'une répétition anglaise dans le rapport de soixante-quatre à vingt-sept. Il est aussi l'auteur des répétitions dites à boîtes levées, qui ont l'avantage d'être d'une exécution plus facile en ce que les pièces de la quadrature sont mieux distribuées, et qu'elles ont une place plus grande pour fonctionner et produire leurs effets.

On sait qu'il est assez commun de voir des répétitions qui, ayant marché un certain temps, ou par l'effet du froid, sonnent lentement ou même ne sonnent pas du tout. L'huile du rouage de la sonnerie étant alors congelée, le ressort n'est plus assez fort pour faire tourner les roues et lever le marteau. Cet inconvénient est prévenu, dans les montres de Julien Le Roy, par un petit échappement substitué aux dernières roues, et qui évite la plupart des inconvénients attachés au pignon du volant.

Non content de travailler assidûment pour perfectionner ses ouvrages, Julien Le Roy avait le soin de recueillir tout ce qui paraissait d'utile ou de curieux en Angleterre ou ailleurs. C'est ainsi qu'ayant entendu parler avantageusement des inventions de Graham, il fit venir de Londres, en 1728, la première montre à cylindre qu'on ait vue à Paris; il en étudia le mécanisme, qu'il trouva excellent; et, après l'avoir éprouvée, il la céda à M. de Maupertuis.

Graham, de son côté, ne dissimulait pas tout le cas qu'il faisait de son émule. Un jour que milord Hamilton lui montrait, devant plusieurs personnes, une des montres à répétition, à grand mouvement, de Julien Le Roy, Graham après avoir examiné cette montre, dit : « Je voudrais être moins âgé afin de pouvoir faire des répétitions sur ce modèle. » Cette justice que rendait au grand artiste français le plus célèbre horloger de l'Angleterre, lui a été rendue par tous ceux des autres parties de l'Europe. Il arriva de là que tous se saisirent de ses inventions; on grava le nom de Julien Le Roy sur les montres de Genève, au lieu d'y graver comme autrefois, ceux de Barlow, de Tompion, de Graham, etc. Enfin les montres de l'Angleterre furent généralement abandonnées, et dès lors la préférence fut acquise aux montres françaises.

Une partie des perfections que nous venons d'exposer passa bientôt dans es pendules; il serait inutile de les rappeler en détail. Nous dirons seulement, au sujet des tirages ou pendules à répétition, que, pour rendre les pièces de leur quadrature plus grandes et plus solides, il les transposa de dessous le cadran sur la petite platine, afin qu'elles ne fussent plus gênées par les faux piliers, l'arbre du remontoir et son rochet, ainsi que par les roues des heures et des minutes.

A l'égard de ses pendules à secondes, voici le témoignage que M. de Maupertuis a rendu de celle qui fut exécutée pour les opérations de la mesure des degrés du méridien terrestre vers le cercle polaire : « Nous avions une pendule de M. Julien Le Roy, dont l'exactitude nous a paru merveilleuse, dans toutes les observations faites avec cet instrument. »

Quant aux pendules à équation de toute espèce, on peut lire ce qu'elles lui doivent dans les Mémoires de l'Académie, année 1725. On voit aussi (Mém. acad., 1741) que l'horlogerie lui est redevable de la compensation des effets de la chaleur et du froid sur le pendule, au moyen de l'allongement et du raccourcissement inégal des métaux.

Julien le Roy s'est encore distingué par la construction de ses montres et pendules à trois parties, par divers échappements qu'il a inventés ou perfectionnés, par ses réveils, dont il a donné la description dans la règle artificielle du temps, et par ses répétitions sans rouages.

Enfin, ses lumières et ses vues se sont portées jusque sur les horloges publiques; car il est l'inventeur de celles qu'on nomme horizontales, qui sont encore en usage aujourd'hui. De onze pièces dont la cage de ces machines était composée, il n'a retenu que le rectangle inférieur; par ce moyen, l'horloge, beaucoup plus facile à faire et moins coûteuse, est encore infiniment plus parfaite.

A tant d'heureuses inventions on pourrait joindre celles dont leur auteur a enrichi la gnomonique, telles que son cadran universel à boussole et à pinnules; son cadran horizontal universel, propre à tracer des méridiennes au moyen de son axe, percé de plusieurs trous, et d'échelles des hauteurs correspondantes gravées sur son plan, etc. On peut, sur ces articles, consulter ses Mémoires, à la suite de la Règle artificielle du temps.

Ces nombreuses découvertes lui méritèrent la haute réputation dont il a joui, son logement aux galeries du Louvre, son brevet d'horloger du roi; mais elles firent aussi la première réputation de l'horlogerie française.

Si le rare génie de Julien le Roy a donné une aussi forte, aussi durable impulsion à son art, ses procédés généreux envers ceux qui le cultivaient n'ont pas moins contribué à le perfectionner. Loin d'être de ces hommes mercenaires dont le but unique est de s'approprier le fruit des talents et des travaux des autres, cet artiste célèbre était le premier à augmenter le prix de leurs ouvrages lorsqu'ils avaient réussi; et très-souvent il portait ce prix fort au delà de leur attente.

Plus tard Ferdinand Berthoud acquit une grande célébrité; il la dut en partie aux beaux livres qu'il écrivit sur l'horlogerie. D'ailleurs, Berthoud fut aussi un habile praticien, et il attacha son nom à plusieurs belles inventions. Toutefois Pierre le Roy, le fils de Julien, pouvait lui disputer le premier rang, car il rendit de signalés services à l'horlogerie par les découvertes dont il l'enrichit. Mais Pierre le Roy ne recherchait par la popularité, il fuyait les sociétés bruyantes et se renfermait dans son cabinet d'où sortirent les premières montres marines françaises, l'échappement à détente, à ressort, etc., etc.

Après ces deux grands promoteurs, il est juste de citer Lebon, Enderlin, Dauthiau, Gaudron, Régnaud, Lepaute, Dutertre, Rivas et Caron le fils, qui, après avoir inventé un de nos meilleurs échappements, celui à double virgule, s'illustra dans la littérature dramatique sous le nom de *Beaumarchais*. Personne ne regrette assurément que cet homme, un des plus beaux esprits du xviiie siècle, ait quitté sa boutique de la rue Saint-Denis, pour écrire *le Barbier de Séville* et *le Mariage de Figaro* (voy. note 5).

L'Angleterre, à la même époque, eut des horlogers non moins remarquables que ceux de la France ; les principaux furent Ellicot, Graham, Harisson, Thomas Mudge et Arnold. Tous ces savants artistes concoururent avec les nôtres pour le perfectionnement de l'horlogerie et des sciences qui s'y rattachent, notamment l'astronomie et la navigation.

Il n'est pas inutile de donner ici un aperçu des découvertes les plus intéressantes des artistes français et anglais. Je puis me permettre de faire une petite excursion dans le domaine de la science proprement dite ; les artistes spéciaux m'en sauront gré. Quant aux gens du monde peu amateurs de l'horlogerie, ils pourront ne pas lire les détails technologiques renfermés dans cet appendice.

DÉCOUVERTES DES HORLOGERS FRANÇAIS ET ANGLAIS
DURANT LE XVIIIe SIÈCLE.
DES EFFETS DE LA CHALEUR ET DU FROID DANS LE PENDULE.

Le savant F. Berthoud a dit : « C'est une vérité reconnue et prouvée par l'expérience, que la chaleur dilate tous les corps et que le froid les condense, et que, par conséquent, les corps sont plus grands en été qu'en hiver, et le jour que la nuit. » (*Essai sur l'horlogerie*, t. II, chap. XX).

On sait aussi que plus un pendule est long, plus ses vibrations sont lentes, et que plus il est court, plus elles sont promptes. Or, la chaleur dilatant la verge du pendule en été, il en résulte que l'horloge doit retarder et qu'en hiver elle doit avancer par l'effet contraire. Il est donc essentiel, pour la perfection des machines qui mesurent le temps, de connaître les qualités de la dilatation et de la condensation des différents métaux par le chaud et par le froid, et de trouver les moyens de corriger ces effets. Par des expériences exactes, faites sur des verges de différents métaux, de 461 lignes de longueur, passant du froid de la glace au 27e degré du thermomètre de Réaumur, Ferdinand Berthoud a trouvé les rapports suivants : acier recuit, 69 ; fer recuit, 75 ; acier trempé, 77 ; fer battu, 78 ; or recuit, 82 ; or tiré à la filière, 94 ; cuivre rouge, 107 ; argent, 119 ; cuivre jaune, 121 ; étain, 160 ; plomb, 193 ; le verre, 62 ; le platine, à peu près comme le verre.

Les quantités ci-dessus expriment les trois cent soixantièmes de ligne. Ainsi, l'acier recuit donne pour la quantité absolue de son allongement, sur

18

461 lignes, soixante-neuf trois cent soixantièmes de ligne, en passant du terme de la glace à 27 degrés de la chaleur donnée par le thermomètre de Réaumur.

C'est vers le commencement du xviiiᵉ siècle, après l'invention d'un échappement qui décrivait de petits arcs, et permettait l'emploi d'une lentille pesante, que le pendule est devenu un régulateur assez parfait pour faire connaître qu'en passant de l'été à l'hiver, l'horloge éprouvait des variations dont les véritables causes étaient dans la dilatation et la contraction des métaux. Vendelin avait déjà fait des remarques à ce sujet vers la fin du xviiᵉ siècle.

La théorie du pendule, si bien établie par Galilée et Huyghens, prouvait que, par le changement de sa longueur, les oscillations ne conservaient plus la même durée; car, suivant cette théorie, les durées des vibrations, dans les pendules, sont entre elles comme les racines carrées des longueurs de ces pendules; et le calcul nous fait connaître que, si, dans le pendule qui bat les secondes ou qui a trois pieds huit lignes et demie, la longueur change de la centième partie d'une ligne, l'horloge variera d'une seconde en vingt-quatre heures, et, si le pendule bat les demi-secondes, la centième partie d'une ligne fera varier l'horloge de quatre secondes dans le même temps.

Après avoir reconnu ces variations de l'horloge et les causes qui les produisent, les artistes se sont occupés des moyens de correction, et ils les ont trouvés dans la cause même. Pour cet effet, ils ont employé la dilatation du métal à ramener continuellement la lentille du pendule à la même distance du point de suspension. Cette première idée a produit ce qu'on appelle une contre-verge, semblable à celle du pendule et de même longueur. Cette verge étant fixée par le bout inférieur au mur solide auquel est attachée l'horloge, le bout supérieur, qui est coudé, soutient le ressort qui suspend le pendule, en sorte qu'à mesure que la dilatation allonge la verge de ce pendule, la même dilatation allonge la contre-verge et remonte le ressort de suspension; ce ressort, pincé par le pont qui fixe le point de suspension, devient nécessairement plus court, et ramène le pendule à la même longueur. Tel est le principe de ce premier moyen de compensation, qui agit hors du pendule.

Un autre moyen très-ingénieux, c'est celui qui est fondé sur les dilatations différentes qu'éprouvent deux métaux exposés à la même chaleur; celui-ci s'adapte au pendule même, dont la verge devient composée de plusieurs barres de deux métaux. On fait servir l'excès de la dilatation du métal le plus extensible à remonter la lentille, afin qu'elle conserve toujours la même distance au point de suspension. Tel est le principe de compensation qui s'applique au pendule même, et pour le succès duquel il faut que les longueurs des verges soient en raison inverse de leurs dilatations; en sorte que, si l'artiste emploie, dans la composition d'un pendule, des verges d'acier recuit et de cuivre jaune, il faudra, pour obtenir une compensation complète, que le produit des longueurs des barres d'acier par 121 soit le même que celui des longueurs du cuivre par 69.

Le principe d'excès de dilatation de deux métaux est également applicable au compensateur placé hors du pendule. Après ce court exposé du système de compensation dans le pendule des horloges, nous allons en établir l'origine, et indiquer les auteurs à qui ces inventions appartiennent ou qui les ont perfectionnées.

George Graham fut le premier qui s'en occupa. Il employa d'abord le mercure, qui, placé dans un tube attaché au bas du pendule, remonte en se dilatant le centre d'oscillation de la même quantité que la dilatation de la verge du pendule l'avait fait descendre. Ce fut en 1715 que Graham fit cette découverte; il exposa sa recherche dans un mémoire qui fut imprimé en 1726. L'auteur propose aussi, dans ce mémoire, d'employer deux métaux dont les dilatations diffèrent le plus entre elles, comme l'acier et le cuivre.

Le moyen indiqué par Graham, conçu et développé par Harisson, produisit le pendule composé de neuf tringles qui fut porté à sa perfection dès l'année 1726.

Un peu plus tard, Graham employa, dans ses horloges astronomiques, le pendule perfectionné de Harisson, qu'on nomme en Angleterre le pendule à gril, et qui est encore de nos jours généralement adopté. Cependant quelques artistes emploient avec succès un pendule dont la compensation se produit par des leviers.

Cette recherche de l'artiste anglais a été le fondement de tout ce qui s'est fait depuis sur cette matière, l'une des plus importantes de la mesure du temps: car, sans la compensation des effets de la température dans les horloges à pendule, ces machines feraient des écarts de vingt secondes par jour lorsque l'horloge passerait de la glace à la température de 27 degrés du thermomètre de Réaumur.

Regnauld, habile horloger de Châlons, s'était occupé dès 1783 de la correction des effets de la température sur le pendule. On peut voir les moyens qu'il a employés dans le *Traité d'horlogerie* de Thiout, t. II, p. 267.

En 1739, Julien Le Roy soumit au jugement de l'Académie des sciences une pendule astronomique avec un très-bon mécanisme de compensation hors du pendule. (Voyez Thiout, t. II, p. 272.)

Le savant Deparcieux proposa, en 1739, plusieurs constructions de pendules composés, dont quelques-uns ont obtenu beaucoup de succès.

Cassini, à peu près vers la même époque, remit à l'Académie des sciences un mémoire dans lequel il proposait divers moyens de correction des effets du chaud et du froid sur le pendule. (*Histoire et Mémoire de l'Académie des sciences*, 1741.)

Rivaz, en 1749, composa un pendule avec un métal dont la dilatation était double de celle du fer. Ce métal était renfermé dans un canon de fusil qui formait la verge du pendule, d'où est venue sans doute la dénomination de pendule à canon de Rivaz.

Passement, vers la même époque, employa un pendule formé par deux verges, l'une de cuivre, l'autre d'acier, et ce qui manquait à la correction s'opérait par des leviers renfermés dans la lentille.

Ellicot, horloger de Londres, publia, en 1753, un ouvrage ayant pour titre : Description de deux méthodes par le moyen desquelles les irrégularités du mouvement des horloges, dépendant de l'influence du chaud et du froid sur la verge du pendule, peuvent être corrigées. Ce mémoire avait été lu et approuvé par la Société royale de Londres, le 4 juin 1752.

La première de ces méthodes consiste dans le pendule lui-même. L'horloge, faite exprès et avec son pendule, fut exécutée au commencement de 1738.

La seconde méthode proposée par Ellicot se rapporte aux contre-verges employées en France par Deparcieux.

Lepaute, dans le *Traité d'horlogerie* qu'il fit avec l'astronome Delalande, en 1755, donne la construction d'un pendule pour la compensation des effets de la chaleur et du froid. (Voyez Lepaute, *Traité d'horlogerie*, p. 21.)

Enfin, au commencement de 1763, Ferdinand Berthoud, dans son *Essai sur l'horlogerie*, a fait de précieuses recherches pour arriver à une exacte compensation de l'influence du chaud et du froid sur le pendule. Le résultat de ses travaux, souvent expérimentés, a été un pendule à châssis dont les dimensions et les effets sont absolument les mêmes que dans le pendule à gril de Harisson. Il faut le dire cependant : le pendule de l'horloger anglais, inventé en 1726, n'a été réellement connu en France que vers le milieu de 1763, et déjà à cette époque les artistes français étaient parvenus à

donner à cette partie de l'horloge toute la perfection dont elle est susceptible.

Les horlogers qui voudraient connaître tous les détails de l'histoire du
pendule à compensation les trouveront dans le mémoire publié par Harisson, dans les ouvrages de Thiout, de Rivaz, de Lepaute, d'Ellicot, de
Moinet, de Pierre Dubois (*Histoire de l'horlogerie ancienne et moderne*) et
enfin dans les chap. XXI, XXII et XXIII de l'*Essai sur l'horlogerie* de Ferdinand
Berthoud.

DE L'INFLUENCE DE LA CHALEUR ET DU FROID
SUR LA FORCE ÉLASTIQUE DU RESSORT SPIRAL. CORRECTION
DE CES EFFETS DANS LE BALANCIER.

Les montres éprouvent des variations sensibles, qui sont produites par
l'action de la chaleur et du froid sur le balancier, et particulièrement sur
le spiral. Les quantités de ces écarts peuvent s'élever de 7 à 8 minutes en
24 heures dans les montres à roues de rencontre; la variation est un peu
moins grande dans les montres à cylindre, tandis que dans les horloges à
pendule, ces différences, par les mêmes degrés de chaud et de froid, ne
s'élèveront pas à plus de 28 secondes dans le même espace de temps.

L'expérience avait fait connaître, dès la fin du XVIIᵉ siècle, que le balancier se dilatait, ainsi que le pendule; mais on jugeait avec raison ces quantités trop petites pour produire d'aussi grandes erreurs. Ce n'a été que vers
le milieu du dernier siècle qu'on a découvert la principale cause de ces
grandes variations du balancier à spiral, et on l'a trouvée dans le spiral
même, dont la force élastique change assez considérablement par les
diverses températures pour produire, elle seule, la plus grande partie des
écarts qui ont été reconnus.

Le mémoire de Bernouilli, qui remporta le prix de l'Académie en 1747,
nous fait connaître que ce célèbre géomètre doutait encore alors du changement de l'élasticité des ressorts par les diverses températures, la physique
n'avait, en effet, aucun moyen de s'en assurer. Cette expérience était trop
délicate pour être faite avec des instruments ordinaires; il a donc fallu
recourir à un instrument plus subtil, une horloge à balancier à spiral. A
l'aide d'un pareil instrument, on peut mesurer la plus insensible variation
de l'élasticité dans le ressort spiral, parce que cet effet est multiplié et
répété autant de fois que le balancier fait de vibrations : s'il en fait cinq par

seconde, comme dans les montres d'Arnold, de Mudge, etc., il y en a dix-huit mille dans une heure, ou quatre cent trente-deux mille en vingt-quatre heures.

Les premiers principes qui ont été publiés sur les effets du chaud et du froid sur les montres, et les détails concernant les moyens de correction de ces effets se trouvent dans l'*Essai* de Berthoud, t. II, chap. XXX et XXXI. C'est une théorie curieuse et qui était tout à fait inconnue avant Berthoud.

Cette espèce de compensation par les frottements, quoique suffisante dans les montres ordinaires, ne peut pas être employée dans celles où l'on exige une justesse constante; car, les frottements des pivots venant à varier par les divers états de l'huile, la compensation n'a plus lieu de la même manière. Pour obvier à ces difficultés, F. Berthoud construisit des montres avec une compensation à peu près semblable à celle des horloges astronomiques. (Voir l'*Essai*, n° 2, p. 121.)

Par cette méthode, il faut restituer au ressort spiral la force qu'il perd par l'action de la chaleur, soit par allongement, soit par la diminution de l'élasticité; il faut, de plus, corriger le retard causé par l'augmentation de diamètre dans le balancier. Le contraire arrive par le froid.

Pour opérer cette compensation, on fait tourner autour du spiral un bras de levier portant deux chevilles qui pincent la lame du ressort par son tour extérieur, et fixent sa longueur. Le mouvement du levier est produit par l'action de la chaleur ou du froid sur un châssis composé de verges d'acier ou de cuivre, ou par une lame composée de ces deux métaux, fixés ensemble. (Voyez le *Traité des horloges marines*, pl. XXI, fig. 1, 2 et 3.)

La seconde espèce de compensation est produite par le balancier lui-même, qui porte des parties rendues mobiles par l'action du chaud et du froid; ces parties mobiles se rapprochent du centre du balancier par la chaleur, et s'en écartent par le froid. Par cette méthode, le balancier produit non-seulement la correction pour le changement arrivé à son diamètre, mais encore pour celui qui dépend de la diminution de l'élasticité du spiral par la chaleur.

La troisième méthode de compensation est produite en partie par des masses mobiles du balancier, et ce qui manque à la correction est achevé par un mécanisme qui agit uniquement sur le ressort spiral. F. Berthoud est, nous le croyons du moins, le premier qui ait employé cette espèce de compensation mixte. Lorsque cet artiste proposa la première construction du balancier composé, il y avait dix ans que l'on faisait en Angleterre d'excellentes montres avec un balancier compensateur, et que les horlogers de Londres avaient mis à profit cette importante leçon de l'auteur du *Traité des horloges marines* : « On pourrait aussi parvenir à la compensation en plaçant à la circonférence du balancier deux masses diamétralement opposées; ces masses seraient fixées sur deux lames composées d'acier et de cuivre rivées l'une sur l'autre; la chaleur, agissant sur ces lames, obligerait les masses à se rapprocher du centre, etc. Mais il ne m'a pas paru qu'aucun de ces moyens portât avec lui la précision si indispensable pour l'objet en question. » (*Traité des horloges marines*, 1ʳᵉ partie, n° 261.)

DE LA DÉCOUVERTE DE LA LONGITUDE EN MER.

On lit dans la *Connaissance des temps*, 1767 : « Il est de la dernière importance, pour le bien du commerce maritime et pour le salut des hommes qui s'y consacrent, de pouvoir trouver en pleine mer le degré de longitude où l'on est. Ce problème se réduit à savoir quelle heure il est sur le vaisseau et quelle heure il est au même instant au lieu du départ, (par exemple Brest). Il n'est pas difficile de trouver l'heure qu'il est sur un vaisseau en observant la hauteur du soleil ou d'une étoile; la difficulté se réduit donc à trouver en tout temps, en tout lieu, l'heure qu'il est à Brest. »

Philippe III, qui monta sur le trône d'Espagne en 1698, convaincu de l'importance des longitudes en mer, promit une récompense de cent mille écus en faveur de celui qui en ferait la découverte. Les états de Hollande imitèrent bientôt l'exemple de ce prince et proposèrent un prix de trente mille florins pour cet objet.

Les Anglais, devenus au commencement du xviiiᵉ siècle, les premiers navigateurs de la terre, ne pouvaient manquer de s'intéresser à la science des longitudes; aussi, le 30 juin 1714, le parlement d'Angleterre ordonna un comité pour l'examen des longitudes : Newton, Clarke et Wisthon y assistèrent. Newton présenta un mémoire dans lequel il exposa différentes méthodes propres à trouver les longitudes en mer et les difficultés de chacune. Pour l'honneur de l'horlogerie, le premier moyen proposé par le plus grand homme qui ait paru dans la carrière des sciences est la mesure exacte du temps. Le résultat des conférences fut qu'il convenait de passer un bill pour l'encouragement d'une recherche si importante; il fut présenté par le général Stanhope, Walpole, depuis comte d'Oxford, et le docteur

Samuel Clark, assistés de Wisthon. Il passa à l'unanimité. Nous allons donner la traduction de cet acte ou statut de la douzième année de la reine Anne.

ACTE DU PARLEMENT D'ANGLETERRE
ASSIGNANT UNE RÉCOMPENSE PUBLIQUE A QUICONQUE
DÉCOUVRIRA LES LONGITUDES EN MER.

« D'autant qu'il est bien connu à tous ceux qui entendent la navigation, que rien n'y manque tant et n'est autant désiré sur mer que la découverte de la longitude, pour la sûreté et l'expédition des voyages, la conservation des vaisseaux et la vie des hommes ; et comme, suivant d'habiles mathématiciens et navigateurs, plusieurs méthodes ont été déjà trouvées vraies dans la théorie, quoique difficiles dans la pratique, dont quelques-unes pouvaient être perfectionnées ; et d'autant qu'une telle découverte serait d'un avantage particulier au commerce de la Grande-Bretagne, et ferait honneur à ce royaume ; mais qu'outre la grande difficulté de la chose, soit faute de quelque récompense publique proposée pour un ouvrage si utile et si avantageux, soit faute d'argent pour faire les épreuves nécessaires, les inventions jusqu'ici proposées n'ont pas été perfectionnées : pour ces causes, soit ordonné, par l'autorité de la reine et des seigneurs spirituels et temporels assemblés en parlement, que les personnes ci-après nommées soient constituées commissaires perpétuels pour examiner, essayer et juger de toute invention ou proposition qui leur pourra être faite pour la découverte des longitudes en mer ; savoir :

Le grand amiral de la Grande-Bretagne ou le premier commissaire de l'amirauté ; l'orateur de la chambre des communes ; le premier commissaire du commerce ; les trois amiraux de l'escadre rouge, blanche et bleue ; le président de la Société royale ; l'astronome royal de l'observatoire royal de Greenwich ; les trois professeurs de mathématiques Favilien, Lucasien et Plumien, d'Oxford, de Cambridge, etc.;

Soit ordonné par l'autorité susdite qu'un nombre de ces commissaires, qui ne sera pas moindre que cinq, aura plein pouvoir d'ouïr et recevoir toutes propositions qui lui seront faites pour la découverte des longitudes en mer ; et lorsque lesdits commissaires seront satisfaits au point de juger que la découverte est digne qu'on en fasse l'expérience, ils le certifieront, sous leur signature, aux commissaires de la marine, avec le nom de l'auteur et la somme qu'ils jugent devoir être avancée pour faire les expériences proposées, laquelle somme, pourvu qu'elle n'excède pas deux mille livres sterling, le trésorier de la marine est requis, par l'autorité du présent acte de payer à vue de pareils certificats ratifiés par les commissaires de la marine.

Il est de plus ordonné, par la même autorité, qu'après telle expérience faite, les commissaires nommés par cet acte, ou la pluralité d'eux déclareront et détermineront jusqu'où la chose expérimentée a été praticable et jusqu'à quel degré de justesse. Et, pour suffisamment encourager ceux qui pourront tenter utilement la découverte des longitudes, la personne qui aura réussi ou ses ayants cause auront droit aux récompenses suivantes; savoir :

A la somme de dix mille livres sterling, si la méthode trouvée sert pour déterminer la longitude, à un degré près, d'un grand cercle, ou à 60 milles géographiques près;

A la somme de quinze mille livres sterling si cette méthode sert pour déterminer la longitude à 40 milles près;

Et à la somme de vingt mille livres sterling si elle sert pour déterminer la longitude à 30 milles près.

La moitié de chacune de ces sommes respectives sera payée aussitôt que la pluralité des commissaires ci-dessus conviendra que la méthode trouvée s'étend à la sûreté des vaisseaux à 80 milles des côtes où sont ordinairement les endroits les plus dangereux; et l'autre moitié, lorsqu'un navire aura, par l'ordre des commissaires, fait un voyage depuis quelque port de la Grande-Bretagne jusqu'à quelque port de l'Amérique, au choix desdits commissaires, sans s'être écarté de la longitude au delà des limites ci-dessus prescrites.

Il est, de plus, ordonné par la même autorité que, si l'invention ou la méthode ne répond point dans l'expérience aux conditions ci-dessus, et qu'elle se trouve pourtant, dans le jugement des commissaires, de quelque utilité considérable au public; que, même en ce cas, l'auteur de cette invention ou méthode aura titre à telle moindre somme que ci-dessus qui lui sera adjugée par lesdits commissaires, suivant le mérite ou l'utilité de son invention.

DES HORLOGES MARINES. — TRAVAUX DE HARISSON

Jean Harisson, dès l'année 1726, était parvenu à corriger la dilatation des verges des pendules, de telle sorte qu'une horloge qu'il fit en 1727 ne variait pas d'une seconde en un mois. Vers le même temps, il fit une horloge destinée à éprouver le mouvement des vaisseaux, et elle supporta cette épreuve sans perdre de sa régularité.

En 1735, Halley, Bradley, Machin, Graham et Schmit, étonnés du talent et des succès de Harisson, attestèrent, dans un écrit signé d'eux, qu'il avait découvert et exécuté, avec beaucoup de peine et de dépenses, une machine pour mesurer le temps en mer, sur des principes qui paraissaient promettre une précision très-suffisante pour trouver la longitude : en conséquence, ils estiment que Harisson a mérité le plus grand encouragement de la part du public, et qu'il importe de faire l'épreuve des différentes inventions par lesquelles il est parvenu à prévenir les irrégularités qui proviennent naturellement des différents degrés de température et du mouvement des vaisseaux.

Au mois de mai 1736, l'horloge de Harisson fut mise à bord d'un vaisseau de guerre qui allait à Lisbonne ; le capitaine Roger de Wills attesta par écrit qu'à son retour Harisson avait corrigé à l'entrée de la Manche une erreur d'environ un degré et demi qui s'était glissée dans l'estime du vaisseau, quoi qu'on cinglât directement vers le nord. Ce fut alors que Harisson crut pouvoir s'adresser aux commissaires des longitudes. Muni des certificats convenables de ses premiers succès, il exposa les moyens qu'il avait de simplifier encore et de réduire le volume de son horloge. Il fut accueilli favorablement, et reçut, en 1737, des secours propres à le mettre en état de suivre ses vues, de sorte qu'en 1739 il produisit sa seconde machine. Elle fut soumise à de nouvelles expériences, dont le résultat fut qu'elle était très-susceptible de donner la longitude dans les limites exigées par l'acte du parlement.

Harisson continua de travailler, et en 1741 il exécuta une nouvelle machine plus petite, et qui parut supérieure aux deux premières. Douze membres de la Société royale attestèrent qu'elle leur paraissait plus commode, plus simple et moins sujette à se déranger, ajoutant qu'ils ne pouvaient trop recommander aux commissaires de la longitude un homme de tant de talents, pour l'aider à mettre la dernière main à cette troisième machine.

Le 30 novembre 1749, Folkes, président de la Société royale, annonça dans l'assemblée de cette illustre compagnie que Harisson avait obtenu le prix ou la médaille d'or qu'on donne chaque année à celui qui a fait l'expérience ou la découverte la plus curieuse, en conséquence de la fondation de M. Godefroid Copley. M. Folkes ajouta que M. Hans Sloane, exécuteur testamentaire de Copley, avait recommandé Harisson à la Société royale, à raison du précieux instrument qu'il avait fait pour la mesure du temps. Par ces considérations, le président donna à Harisson cette médaille, sur laquelle était gravé son nom, et il prononça un discours dans lequel il fit connaître avec détails tous les genres de mérites de l'œuvre du lauréat. On voit dans ce discours que Harisson, avant de venir à Londres, demeurait à Barrow, dans le comté de Lincoln, près de Barton sur l'Humber. Il n'était pas destiné d'abord à la profession dans laquelle il a excellé depuis, mais il y fut porté par inclination et par curiosité. Il suivait son génie, et cela vaut mieux que tous les préceptes de l'art. Il travailla dans sa jeunesse avec son père, qui était charpentier et menuisier; cela lui donna occasion d'examiner d'abord la nature du bois, et il y trouva quelques avantages dont il profita. Il fit des horloges où les pivots étaient en cuivre et tournaient dans du bois, sans qu'il fût besoin d'huile et sans qu'il y eût d'usure à craindre. Il employa aussi des rouleaux de bois à la place des ailes de pignon, et cela lui réussit. Enfin, il imagina un échappement nouveau où la roue ne frottait pas sur les palettes ou sur la pièce d'échappement. On peut lire dans la *Connaissance des temps*, année 1765, plusieurs autres détails intéressants sur les premiers essais en mécanique du célèbre Harisson. Nous nous occupons pour le moment des œuvres sérieuses de cet artiste.

Lorsque Harisson eut fini sa troisième machine, elle n'occupait pas plus d'un pied carré avec tous ses accessoires.

Enfin, en 1758, Harisson imagina une quatrième machine, qu'il a exécutée depuis; mais assez satisfait de la troisième, il crut enfin devoir s'adresser à la commission des longitudes, qui, après divers délais, ordonna le 12 mars, que l'épreuve de la montre de Harisson serait faite conformément à l'acte du parlement. Ce fut Harisson le fils qui fut désigné, sur la demande de son père, pour faire le voyage à la Jamaïque. Cette destination fut choisie, parce que ce voyage est ordinairement de trois semaines, et que, pour le faire, la machine est dans le cas d'éprouver des températures fort différentes.

Divers contre-temps retardèrent ce voyage d'environ six mois; enfin, les instructions nécessaires pour diriger l'épreuve en question ayant été dressées de concert avec la Société royale, le fils de Harisson s'embarqua à Portsmouth, sur le *Deptfort*, chargé de porter à la Jamaïque le gouverneur Littleton, et mit à la voile le 18 novembre 1761. Les détails de sa traversée sont fort intéressants. Après dix-huit jours de route, le 6 décembre, les pilotes du vaisseau se faisaient par 13 degrés 50′ de longitude Est à l'égard de Portsmouth, tandis que la montre donnait 15 degrés 19′; ainsi la différence était d'un degré et demi, de sorte que déjà on la condamnait comme inutile et mauvaise. Mais, Harisson ayant dit qu'il se tenait pour assuré que, si l'île de Portland était bien marquée sur la carte, on la verrait le lendemain; le capitaine tint ferme pour ne pas changer de route, et en effet le lendemain, à sept heures du matin, on découvrit cette île : ce qui rétablit Harisson et son instrument dans l'estime de tout l'équipage du *Deptfort*, qui, sans l'exactitude de la montre, n'eût point abordé l'île de Portland, et par là eût manqué, pendant toute la traversée, des rafraîchissements dont il avait besoin. La reconnaissance de la Désirade, l'une des Antilles, fut pour Harisson un nouveau sujet de triomphe; car au moyen de sa montre il annonça cette île, ainsi que toutes celles que l'on rencontre de là jusqu'à la Jamaïque. Il toucha enfin le Port-Royal. On trouva qu'en supposant la longitude de Port-Royal, telle que la donnait l'observation du passage de Mercure en 1743, de 5 heures 7′ 2″ de temps à l'Ouest de Greenwich, et à l'égard de Portsmouth, de 5 heures 2′ 51″, la montre avait marqué ce temps à 5″ près, car elle marquait à Port-Royal, après 81 jours, 5 heures 2′ 46″.

Le retour de Harisson à Portsmouth ne fut pas moins favorable à son instrument. Dès qu'il eut obtenu les certificats nécessaires des vérifications faites à la Jamaïque, il se rembarqua sur un très-petit bâtiment pour l'Europe. Harisson rentra à Portsmouth après 161 jours depuis son départ. Quelques jours après, on fit les observations nécessaires pour constater l'heure que marquait la montre après un intervalle de temps si considérable, et l'on trouva qu'elle l'avait conservée à une minute cinq secondes près, ce qui ne donne qu'une erreur de 18 milles anglais, ou moins d'un tiers de degré, dans les deux traversées. On ne laissa pas, dans le bureau des longitudes, d'élever des difficultés tendant à affaiblir ces avantages. Harisson répondit à ces difficultés d'une manière satisfaisante, mais cela n'empêcha pas que le bureau, entraîné par des suggestions dont Harisson s'est plaint, ou dans le but de mieux constater la découverte, ne déclarât que ce voyage n'était pas suffisant, et qu'il n'en exigeât un second plus décisif. Harisson consentit à faire cette nouvelle épreuve de sa montre ; mais, désirant y changer quelques pièces, il demanda un délai de quatre à cinq mois, qui lui fut accordé. Le bureau des longitudes lui donna alors comme à-compte une somme de 61,500 francs, lui promettant le surplus de la récompense si le second voyage avait un plein succès.

Un acte du parlement, en 1762, exigea que Harisson, pour recevoir le prix, expliquât le mécanisme de sa montre et sa méthode aux commissaires. En même temps que cet acte passait dans les deux chambres sans aucune opposition, le roi y ayant donné son plein assentiment, le duc de Nivernois, ambassadeur de France, fut invité à faire venir de Paris des personnes capables d'entendre et d'examiner la découverte de Harisson, qui allait être dévoilée aux onze commissaires. C'était une marque d'estime et d'amitié qu'on donnait à la France, en même temps c'était un moyen de rendre plus prompt et de généraliser l'usage de cette machine. En conséquence, le ministre, ayant consulté l'Académie des sciences, chargea MM. Camus et Ferdinand Berthoud de se transporter à Londres et de se réunir avec M. de Lalande, qui y était allé pour son instruction particulière. Ils virent toutes les machines que Harisson avait faites depuis quelques années, et Berthoud, qui avait d'abord douté du succès de l'artiste anglais, fut forcé d'admirer les ressources de son génie. Cependant, l'explication et la publication du secret de sa dernière machine, qui semblaient prêtes à être faites, furent retardées. M. Maskelyne, qui soutenait la méthode des longitudes par la lune, et quelques autres commissaires jugèrent qu'il était de leur devoir de s'assurer par eux-mêmes et par leur propre expérience que les autres ouvriers seraient en état d'exécuter de semblables machines.

Le 9 mai 1763, dit l'astronome Lalande, j'allai avec Ferdinand Berthoud chez Harisson ; il nous fit voir trois montres à longitudes. Ferdinand Berthoud les trouva très-belles, très-ingénieuses et parfaitement bien exécutées ; mais il doutait encore de leur parfaite régularité, et il n'en était que plus impatient de les voir mettre à l'épreuve. Cette satisfaction ne nous fut pas donnée aussi promptement que nous l'espérions. Les commissaires disaient qu'ils seraient blâmés par le parlement s'ils payaient si cher un secret sans s'assurer par tous les moyens possibles de la réussite et de la sincérité de l'auteur. En conséquence, le 13 avril 1763, Harisson fut requis de faire exécuter d'autres montres à longitudes sous les yeux des commissaires, et par des ouvriers qui seraient choisis à cet effet, et pour qu'ensuite ces montres fussent examinées et éprouvées. Harisson représenta à ses juges que l'acte du parlement n'exigeait pas de lui des épreuves et des constructions nouvelles, mais seulement le détail et l'explication d'une des montres qui étaient faites; il offrit de donner cette explication de vive voix et par écrit, avec les dessins et les procédés nécessaires pour mettre les ouvriers en état de comprendre et d'exécuter de semblables machines. Mais une partie des commissaires ayant persisté à juger que cela n'était pas suffisant pour remplir l'objet et l'intention du parlement, Camus, Lalande et Berthoud quittèrent l'Angleterre.

Harisson fils partit donc une seconde fois pour l'Amérique, le 28 mars 1764; le terme de son voyage fut seulement la Barbade, où il arriva le 13 mai, et il fut de retour en Angleterre le 18 septembre de la même année. Ce second voyage ne laissa plus de doute sur le droit de Harisson à la récompense promise. Il fut décidé unanimement par le bureau des longitudes qu'il avait déterminé la longitude de la Barbade, même en deçà des limites prescrites par l'acte de la reine Anne, pour la récompense entière : 5,000 livres sterling lui furent accordées, le surplus devant lui être payé lorsqu'il aurait dévoilé la construction de sa montre, et mis les artistes à portée d'en faire de semblables. Harisson satisfit à ces dernières conditions, suivant l'attestation que lui en donnèrent les commissaires nommés à cet effet par le bureau, et qui étaient tous des hommes célèbres. Ils attestèrent que Harisson leur avait développé la construction de sa montre à leur entière satisfaction, etc. On parlait encore, avant de le payer complètement, d'exiger de lui, indépendamment de cette explication, qu'il eût déjà mis quelque artiste en état de construire une semblable montre; mais, sur ses réclamations, on n'insista pas. En effet, il était temps que Harisson, âgé d'environ 75 ans, qui avait consacré sa vie entière à un objet aussi utile à l'Angleterre et au monde entier, jouit de la récompense qu'on lui devait. Harisson obtint en 1763 10,000 livres sterling ou 246,000 francs. Le parlement assigna en même temps une récompense de 3,000 livres sterling au célèbre Euler, de Berlin. Une autre somme de 3,000 livres sterling fut aussi donnée aux héritiers de Tobie Mayer, de Gœttingue, en reconnaissance des tables lunaires qu'il avait dressées. De plus, le parlement promit une récompense de 5,000 livres sterling aux personnes qui feraient, par la suite, des découvertes utiles à l'art de la navigation.

Harisson publia les principes de sa montre dans un mémoire qu'il écrivit lui-même, et qui parut à Londres en 1767. Ce grand artiste, dont s'honore

avec juste raison l'Angleterre, mourut le 24 mars 1776; il était alors âgé
de 82 ans. (Voir *Hist. des math.*, t. IV. *Connaiss. des temps*, 1765, 1766,
1767. Voir aussi le mémoire de Harisson intitulé : *Description concerning of
time, mecanisme as will afford a nice or true mensuration of time*, Lond. 1767.)

DE L'ÉQUATION DU TEMPS

Le temps vrai ou apparent, qui est marqué par le soleil sur nos méridiennes ou cadrans, et qui s'emploie souvent dans les différents usages de
la société, suppose que le soleil revient au méridien au bout de 24 heures,
et qu'il emploie le même temps à y revenir d'un midi au suivant que de
celui-ci au troisième. Les anciens astronomes durent s'en tenir longtemps à
cette supposition; mais, en observant avec plus d'exactitude les mouvements de l'astre du jour, ils ne tardèrent pas à remarquer que cet astre
n'avait pas une marche uniforme et que le temps vrai, mesuré par une
marche inégale, ne pouvait pas être régulier et égal. Ainsi, le soleil n'est
pas, à proprement parler, une juste mesure du temps, dont l'essence est
l'égalité; mais le temps vrai, ayant l'avantage de pouvoir être observé continuellement, on s'en sert pour trouver un temps moyen et uniforme qui
puisse être employé dans les calculs astronomiques. Le temps moyen ou
égal est celui que marquerait à chaque instant une horloge absolument
parfaite, qui, dans le cours d'une année, aurait marché sans aucune
inégalité, en marquant midi le premier jour de l'année et le premier jour
de l'année suivante, à l'instant ou le soleil est dans le méridien. (Il faudrait
toutefois tenir compte des six heures dont l'année solaire surpasse l'année
civile, et de toutes les petites inégalités qui modifient l'équation du temps.)

Lorsque l'on partage 360 degrés ou 1,296,000″ en 365 parties 1/4, on
trouve que le soleil doit faire par jour 59′ 8″, et, pour que les retours au
méridien fussent égaux, il faudrait que ce mouvement propre du soleil vers
l'orient fût tous les jours de la même quantité, c'est-à-dire 59′ 8″ ; mais, à
cause de l'excentricité de l'orbite de la terre et des différents degrés de
vitesse qu'elle acquiert en s'approchant de son aphélie ou périhélie, il arrive
qu'au commencement de juillet le soleil n'avance que de 57′ 11″ par jour
vers l'orient, et qu'au commencement de janvier il avance de 61′ 11″, c'est-
à-dire 4′ plus qu'au mois de juillet, le long de l'écliptique, par son mouvement propre. Au commencement d'octobre, il est moins avancé vers
l'orient de 2 degrés qu'il ne le serait s'il avait fait tous les jours 59′ 8″. Il

doit donc paraître plus occidental et passer au méridien plus tôt qu'il n'y passerait s'il avait toujours avancé d'un mouvement uniforme ; telle est la première cause qui rend les jours inégaux. L'on compte toujours 24 heures d'un midi à l'autre ; mais ces 24 heures seront plus longues quand le soleil aura fait 61′ que quand il n'aura fait que 57′ vers l'orient, parce qu'il sera obligé de parcourir 4′ de plus par le mouvement diurne d'orient en occident, avant d'arriver au méridien.

A cette première cause, qui dépend de l'inégalité du mouvement solaire dans l'écliptique, il s'en joint une autre qui dépend de son inclinaison sur l'équateur. Il ne suffit pas que le mouvement propre du soleil sur l'écliptique soit égal pour rendre les jours égaux, il faut que ce mouvement soit égal par rapport à l'équateur et par rapport au méridien où il s'observe. La durée des 24 heures dépend en partie de la petite quantité dont le soleil avance chaque jour vers l'orient ; mais cette quantité devrait être mesurée sur l'équateur, parce que c'est autour de l'équateur que se comptent les heures ; ce n'est donc pas seulement son mouvement propre qu'il faut considérer par rapport à l'inégalité des jours, on doit aussi considérer ce mouvement par rapport à l'équateur. Si le soleil tournait dans l'équateur même, ou parallèlement à ce cercle, cette partie de l'équation serait nulle ; et, si le soleil avait un mouvement tel qu'il continuât de répondre perpendiculairement au même endroit de l'équateur, c'est-à-dire que l'écliptique fît un angle droit avec l'équateur, l'équation du temps n'aurait pas lieu, puisque les retours aux méridiens seraient égaux.

Pour combiner les deux causes de l'équation du temps, considérons le soleil vrai à la fin d'octobre : son mouvement ayant été fort petit en été, il se trouve moins avancé vers l'orient de 2 degrés qu'il ne devrait l'être, et passe au méridien 8′ trop tôt ; il y a donc alors 8′ à ôter du midi vrai pour avoir le temps moyen à raison de la première cause. Mais alors le soleil, en avançant dans son orbite inclinée sur l'équateur, se trouve aussi répondre perpendiculairement à un point A de l'équateur moins avancé que le point S, où il est sur l'écliptique ; il passe donc au méridien 8′ plus tôt qu'il ne devrait y passer. Il a fait, par exemple, réellement 45 degrés sur l'écliptique, et il répond cependant au même point que s'il n'en avait fait que 43, mais qu'il les eût faits sur l'équateur ; et ces 8′ viennent de la seconde cause. Ainsi, dans ce cas les deux causes concourent dans le même sens, et voilà pourquoi, à la fin d'octobre, le soleil avance de 16′ ; le temps moyen au midi vrai n'est que de 11 heures 44′, c'est-à-dire que, quand le vrai soleil est au méridien, une bonne horloge ne doit marquer que 11 heures 44′.

L'on peut aussi combiner ensemble ces deux causes qui rendent inégaux les retours du soleil au méridien, en concevant un soleil moyen et uniforme qui tourne dans l'équateur, de manière à faire chaque jour 59′ 8″, et les 360 degrés en même temps que le soleil par son mouvement propre. Supposons que le soleil moyen parte de l'équinoxe du printemps au moment où la longitude moyenne est zéro : toutes les fois que ce soleil moyen arrivera au méridien, nous dirons qu'il est midi moyen; et si le soleil vrai se trouve plus ou moins avancé, en sorte qu'il soit plus ou moins de midi, nous appellerons la différence *équation du temps*.

Cette équation était connue et employée même du temps de Ptolémée, qui en parle dans son *Almageste*, liv. iii, chap. x. Cependant Tycho-Brahé ne tenait compte que de la seconde partie de l'équation du temps, qui dépend de l'obliquité de l'écliptique, mais Kepler l'employa tout entière. L'équation du temps, telle qu'on l'emploie aujourd'hui, fut généralement adoptée en 1672, lorsque Flamsteed publia une dissertation à ce sujet, à la suite des *OEuvres* d'Horoccius.

Le temps moyen, temps égal, *tempus æquatum*, est proprement celui des astronomes; car le temps vrai leur est indifférent et inutile : ils ne l'observent que parce qu'il sert à trouver le temps moyen, celui-ci est l'objet ou le but qu'ils se proposent. Le temps vrai est facile à observer, puisqu'il est immédiatement marqué par le soleil que nous voyons; mais, si l'on a fait une observation à 8 heures du temps vrai, c'est-à-dire 8 heures après que le soleil avait été observé dans le méridien, et que l'équation du temps soit alors de 10 minutes additives, on sait que le temps moyen de cette observation est 8 heures 10 minutes, et c'est celui qu'il faut connaître pour en faire usage dans les calculs. Le temps vrai n'est pas un temps propre à servir d'échelle de numération; car il est de l'essence d'une pareille échelle d'être toujours constante, uniforme et égale. Toutes les révolutions célestes, toutes les époques en temps, tous les intervalles de temps que l'on trouve dans les tables astronomiques, sont toujours en temps moyen; car ces tables, devant servir pour les temps passés et futurs, ne peuvent être disposées que pour des années égales, des jours égaux et uniformes, c'est-à-dire pour des temps moyens.

La table même de l'équation du temps, qui renferme la différence entre le temps moyen et le temps vrai, donne cette différence en temps moyen,

20

et ne pourrait la donner autrement; car, si nous concevons le soleil vrai et le soleil moyen éloignés l'un de l'autre de quatre degrés, en sorte qu'il doive s'écouler plus d'un quart d'heure de différence entre leurs passages au méridien, cet espace d'un quart d'heure doit se compter, comme tous les autres temps des tables astronomiques, sur la même horloge et sur la même échelle que toutes les révolutions et toutes les durées des mouvements célestes : il doit donc se compter en minutes de temps moyen (voy. P. Le Roy, *Etrenn. chron.;* l'*Encyclop. des sciences;* — janvier, la *Connaissance des temps,* etc.).

DES PENDULES ET DES MONTRES A ÉQUATION.

« Solem quis dicere falsum audeat? » Qui osera soupçonner de l'erreur dans le soleil? (Virgile, *Géorg.*)

Les astronomes, suivant l'expression de P. Le Roy, ont fait plus que l'oser; ils ont prouvé, comme nous l'avons dit dans le chapitre précédent, que la marche de l'astre du jour était irrégulière. C'est pour obvier à cet inconvénient que les horlogers des xviie et xviiie siècles ont inventé les pendules à équation.

L'équation est cette partie de l'horlogerie qui indique les variations du soleil ou la différence de son retour au méridien.

Les premières horloges qui ont été faites ne marquaient que le temps moyen; la disposition de ces machines ne pouvait indiquer les parties du temps que par des intervalles égaux.

Ce ne fut que lorsqu'on eut déterminé la quantité de variation apparente du soleil, après une longue suite d'observations astronomiques, que l'on chercha les moyens de faire suivre aux horloges ces mêmes variations du soleil, ce qui donna lieu aux pendules à équation. Les différentes espèces de construction que l'on a mises en usage pour faire marquer aux horloges le temps vrai et moyen peuvent se réduire aux suivantes : 1° aux pendules à équation qui marquaient les deux temps par le moyen de deux aiguilles; telle est celle dont parle le P. Alexandre, p. 343. Cette pièce était dans le cabinet de Philippe II, roi d'Espagne; elle fut la première pendule à équation connue.

Voici ce que dit Sully, dans sa réponse au P. Kéfra, sur les premières équations : « Il y a deux manières de produire à peu près la même chose (de marquer l'équation); l'une est par une pendule dont les vibrations sont réglées par le temps égal ou moyen, et dont la réduction du temps, égal à l'apparent, est faite par le mouvement particulier d'une seconde aiguille de minutes sur le cadran, et c'est de cette manière qu'est faite la pendule du roi d'Espagne...

« La seconde manière, qui est celle que j'entends et qui n'a pas encore été exécutée, que je sache, est par une pendule dont les vibrations seraient réglées sur le temps apparent et qui, par conséquent, seraient inégales entre elles. Cette pendule ayant son cadran à l'ordinaire, ses aiguilles d'heures, de minutes, de secondes, seraient toujours d'accord, et montreraient uniquement et précisément le temps apparent comme il nous est mesuré par le soleil.

« Celles que l'on construisait en Angleterre, à la même époque, étaient établies suivant le premier système, lequel fut adopté de préférence par Julien Le Roy et Ferdinand Berthoud. »

DE LA FORME DES MONTRES DURANT LA SECONDE MOITIÉ DU XVIIIe SIÈCLE.

Sous les règnes de Louis XV et de Louis XVI, les montres étaient fort répandues en France; celles en or présentaient presque toutes des sujets ciselés qui, se détachant en relief sur le fond des boîtes, représentaient des fruits, des guirlandes de fleurs, etc. Parfois aussi on entourait ces boîtes de diamants ou de perles fines. Les cadrans, ordinairement en émail, n'offraient rien de particulier; mais les aiguilles qui marquaient les heures et les minutes étaient souvent parsemées de petites roses.

Lorsque Voltaire se fut retiré à Ferney, il établit dans cette contrée une fabrique d'horlogerie qui eut du succès. Les montres que l'illustre auteur de *Zaïre* et de *Mahomet* faisait fabriquer, dans la retraite qu'il s'était choisie, étaient généralement ornées d'un médaillon peint sur émail qui représentait soit un buste de femme, soit un sujet pastoral. Il existe encore une assez grande quantité de ces montres, qui sont fort recherchées des amateurs.

Plus heureux que Charles Quint, le patriarche de Ferney trouvait que ses différentes pièces d'horlogerie donnaient l'heure avec une grande précision. « Je n'aurais rien à désirer, disait-il, si mes ouvriers, calvinistes et catholiques, s'accordaient aussi bien que les frêles instruments qu'ils me fabriquent. »

Les pendules, au commencement du règne de Louis XV, différaient peu de celles que l'on faisait sous Louis XIV. La marqueterie, qui fut à la mode sous le règne de ce prince, conserva la faveur publique jusqu'au milieu du xviiie siècle, époque où ce genre d'ornements fut remplacé par des peintures assez communes. Ce fut aussi sous Louis XV que l'on fit des pendules de cheminée qui furent plus tard nommées rocaille ; elles durent cette dénomination aux ornements dont on les surchargeait ; ceux-ci étaient un mélange de feuillages en cuivre doré, de fleurs et de fruits en porcelaine peinte, etc. ; enfin, dans leur ensemble, ces pendules ressemblaient en effet à ce que l'on nomme une rocaille.

Les pendules dites placards sont de la même époque ; on les plaçait dans les salles à manger et dans les alcôves ; celles qui avaient cette dernière destination étaient à tirage ou répétition, souvent à réveille-matin.

Ce fut sous Louis XVI que l'on commença à faire des montres plates (relativement aux précédentes). Lépine se distingua particulièrement dans ce genre de travail ; mais cet habile horloger, s'il vivait encore aujourd'hui, serait effrayé en voyant nos montres véritablement plates, et il dirait, non sans quelque raison : « De telles montres ne peuvent pas donner l'heure avec exactitude ; ce sont des bijoux de fantaisie que la postérité ne connaîtra pas, car ils ne vivront pas l'espace d'un demi-siècle. »

Les Anglais sont plus sages que nous ; ils ne sacrifient pas à la mode quand il s'agit d'un objet sérieux, d'un instrument propre à mesurer le temps. Ils ont su conserver à leurs montres de poche une épaisseur et une solidité qui les rendent bien supérieures aux nôtres.

Notre nation est, dit-on, la plus spirituelle de l'univers ; nous aimerions mieux qu'elle en fût la plus raisonnable.

LES SPHÈRES MOUVANTES.

L'astronomie ayant fait d'immenses progrès au xviiie siècle, les sphères mouvantes ou horloges planétaires, reçurent aussi de grands perfectionnements ; elles les durent en partie à Passemant et à Antide Janvier (Voy. la note 6), horloger de Louis XVI (Voy. note 7). Celles de Janvier sont plus simples et en même temps plus exactes ; mais nous ne pouvons pas les décrire ici convenablement, car alors nous serions obligé d'employer des figures techniques que ne comporte pas un ouvrage comme celui-ci. Nous

nous bornerons à donner la description succincte de la sphère de Passemant, description pour laquelle les figures ne sont pas indispensables.

DESCRIPTION DE LA SPHÈRE DE PASSEMANT.

Cette horloge astronomique, la plus importante de toutes celles qui ont été faites sous Louis XV, et qui eut un succès d'enthousiasme, est placée dans les appartements du roi, au château de Versailles, où on peut la voir encore aujourd'hui. Dans cette pièce vraiment curieuse, les révolutions des corps célestes, leur lieu dans le zodiaque, leurs stations et rétrogradations apparentes, le lever et le coucher du soleil, pour tous les pays du monde, se trouvent marqués; les jours y croissent et décroissent; la terre y a son mouvement de parallélisme, la lune ses différentes phases; les éclipses y sont rigoureusement marquées. Le nombre de l'année, représenté dans cette machine, change tous les ans, et les changements sont disposés pour dix mille années. Tous ces phénomènes s'exécutent, dans la sphère, au moyen de soixante roues et d'autant de pignons, dont peu sont dans son intérieur, ce qui la rend à la fois plus dégagée et plus solide, et lui donne un aspect plus agréable à la vue.

De plus, cette pendule marque le temps vrai et le temps moyen par une équation simple et nouvelle, de l'invention de l'auteur. Elle donne le jour de la semaine, le nom et le quantième du mois, soit que le mois ait trente ou trente et un, vingt-huit ou vingt-neuf jours lorsque l'année est bissextile. Le pendule bat les secondes, qui sont marquées par une aiguille concentrique, etc.

Passemant a employé dans cette machine deux inventions de Julien Le Roy. Par la première, sa pendule sonne l'heure, les quarts, et les répète à volonté; par la seconde, il compense l'effet du chaud et du froid sur son régulateur; et sa construction, semblable à celle de Julien Le Roy quant au principe, en est d'ailleurs fort différente : tout le mécanisme en est caché dans la lentille.

Si, de l'extrême complication d'effets produits par cette pendule, nous passons à la manière dont ils s'exécutent, nous verrons qu'à cet égard elle l'emporte infiniment sur toutes les autres machines de ce genre qui ont été faites antérieurement.

Le savant Pigeon d'Osangis, qui a fait au commencement du XVIIIe siècle plusieurs sphères mouvantes, avait placé, comme tous ses prédécesseurs, la sphère au-dessus de la pendule ; il s'ensuivait que celle-ci ne pouvait avoir qu'un ressort pour force motrice : de là naissait l'obligation de n'y mettre qu'un pendule fort court et très-léger, ce qui rendait la machine incapable d'aucune justesse.

Passemant, au contraire, ayant imaginé de mettre la sphère au-dessous de la pendule, put appliquer au rouage un poids mouflé et un pendule fort pesant qui ne parcourt guère qu'un degré et qui bat les secondes fixes.

En second lieu, l'auteur a évité dans sa sphère la confusion qui régnait autrefois dans ces sortes d'ouvrages ; il a séparé et placé dans un ordre clair et distinct la pendule à secondes, la sonnerie et tous les mouvements des planètes. Le premier rouage occupe une cage dans la partie antérieure de la machine ; le second, dans la postérieure ; et le troisième placé horizontalement au-dessus des précédents, remplit aussi ses fonctions dans une cage particulière. Les quantièmes sont disposés avec beaucoup d'harmonie sur la grande plaque de la pendule, et toutes les parties qui composent ce bel ouvrage sont à découvert.

Quant à la précision des calculs de cette machine, ils sont tels, que l'Académie des sciences, dans ses mémoires de 1749, déclare que, dans la sphère de Passemant, on ne peut trouver en trois mille ans un seul degré de différence avec les tables astronomiques.

Quel travail immense et obstiné n'a-t-il pas fallu pour arriver à une aussi grande précision ! Doit-on être surpris d'apprendre que Passemant ait employé plus de vingt années à cette recherche ? Encore si ce savant mathématicien eût trouvé des tables des nombres premiers, portées aussi loin que celles de Sinus ; mais les plus étendues étaient celles du Père Prestet. Le jésuite Vaillant, en 1743, en proposa à l'Académie qui allaient à cent mille ans ; mais elles n'ont pas été imprimées, et d'ailleurs les calculs de Passemant étaient faits antérieurement à 1740.

Ainsi, il fallut non-seulement trouver des nombres exacts pour exprimer les révolutions des planètes, mais il fallut encore chercher tous leurs diviseurs pour choisir ceux qui pouvaient être réduits en roues. Les nombres premiers, se rencontrant à chaque pas, nécessitaient de nouvelles opérations, souvent aussi infructueuses.

Non content de toutes ces difficultés, l'auteur en chercha encore de nouvelles en s'assujettissant, pour la solidité et la bonne harmonie de sa machine, à donner à toutes ses roues des dentures à peu près égales ; tandis que dans les ouvrages précédents on avait toujours mêlé de grosses dentures

avec des fines. Pour y parvenir, il fallut un nouveau travail presque aussi
pénible que le premier. Passemant le comptait pour rien. Il voulait que son
ouvrage, étant exécuté, présentât l'état du ciel jusqu'aux premiers siècles
du monde, et donnât sans calcul toutes les éclipses qui sont arrivées dans
les temps primitifs, afin d'offrir par là un moyen assuré pour rectifier la
chronologie. Plusieurs historiens ont cité des éclipses qui sont apparues en
des jours de bataille ou dans des moments pendant lesquels s'accomplissaient
des événements mémorables; avec la sphère de Passemant on peut trouver
le nombre des années écoulées, et terminer les différends qui rendent les
époques de l'histoire ancienne si incertaines.

La partie matérielle de cette œuvre, si digne d'occuper une place honorable dans l'histoire, fut exécutée par Dauthiau, horloger du roi Louis XV,
qui passa douze années à ce travail, dans lequel il fit preuve d'une adresse
et d'une intelligence peu communes.

Le roi fut si content de cet ouvrage, qu'il voulut non-seulement que l'auteur en reçut le prix, mais encore qu'il y fût ajouté une pension : récompense d'autant plus flatteuse pour Passemant que Louis XV passait, parmi
les savant de son époque, pour avoir des connaissances assez étendues en
astronomie et en mécanique.

Dirai-je un mot sur l'horlogerie actuelle? Hélas! les manufactures étrangères ont une prépondérance marquée sur les nôtres! On fabrique une
grande quantité d'excellentes montres à Londres, à Birmingham, à Li-
verpool, à Genève et dans plusieurs autres contrées de la Suisse; on en
fabrique aussi en Piémont et même en Suède et en Danemarck; mais les
ateliers parisiens sont déserts; mais la ville où s'illustrèrent jadis les grands
horlogers que j'ai cités, Julien Le Roi, Pierre Le Roi, Lepaute, Berthoud,
Janvier, Breguet, etc., cette ville est aujourd'hui tributaire de l'étranger!

La décadence de l'art, en France, date de 89. La suppression des Jurandes et des Maîtrises, je l'ai déjà dit, a porté le coup le plus funeste à
l'horlogerie nationale. Le jour où la liberté du commerce pompeusement dé-
crétée par *l'Assemblée constituante*, permit aux cordonniers, aux bonnetiers,
aux perruquiers, aux lampistes, aux libraires, etc., de vendre des montres
et des pendules, et d'inscrire sur leurs enseignes menteuses le mot *fabricant*,
ce jour-là l'art fit un pas en arrière; les véritables horlogers courbèrent la
tête, ils sentirent bien qu'ils ne pourraient pas désormais lutter contre les
concurrents effrontés que leur suscitait la loi nouvelle, et d'artistes qu'ils
étaient ils devinrent des marchands. Leurs fils ne firent pas d'apprentissage,

— à quoi bon? — mais ils apprirent trop bien l'art de tromper sur le prix et la qualité de la marchandise.

Quant aux horlogers qui vivent aujourd'hui, il serait injuste de ne pas remarquer qu'ils sont pour la plupart de loyaux commerçants : je ne dirai pas que les horlogers, qui ne le sont que sur leur enseigne, trompent sciemment le public, loin de moi cette pensée, mais ils peuvent le tromper par ignorance, c'est déjà beaucoup trop. C'est ce qui n'arrivait jamais à l'époque où les Jurandes et les Maîtrises étaient en vigueur.

NOTE 1

GERBERT (LE PAPE SYLVESTRE II)

Cet homme célèbre naquit en 920, à Belliac, village situé près de la ville d'Aurillac, en Auvergne. Fils d'un agriculteur pauvre, Gerbert, dans son enfance, fut contraint de garder des troupeaux et de se livrer aux plus infimes travaux agricoles. Rien ne pouvait alors faire présager qu'un jour cet inculte enfant des montagnes, après avoir passé par toutes les vicissitudes de la vie humaine, se ferait remarquer sur le trône pontifical par ses vertus évangéliques et la supériorité de son génie.

Toutefois, Gerbert, comme plus tard le Giotto, fit sentir de bonne heure quelle était sa vocation. Ce n'était pas celle de l'élève du Cimabué, ce fut plutôt celle de Ctésibius, d'Alexandrie, ou de Cassiodore le célèbre secrétaire de Théodoric. En effet, Gerbert, en gardant ses troupeaux pendant une partie des nuits sur les montagnes de l'Auvergne, étudiait le mouvement des astres, traçait sur le sable ou sur la pierre, la figure des plus brillantes constellations, et marquait la place que chacune d'elles occupait dans l'espace étoilé.

Cette vie contemplative et studieuse du jeune pâtre, lui fit bientôt connaître quelques secrets astronomiques, et il eût bien voulu pouvoir en augmenter le nombre, mais personne dans son village n'était apte à lui donner des leçons, et il fût toujours resté dans son ignorance sans une circonstance providentielle qui décida de son avenir et le jeta dans le monde qu'il avait rêvé.

Raimond, écolâtre du couvent de Saint-Gérald, à Aurillac, dans une de ses excursions circonvoisines, eut occasion d'entretenir, un jour, le jeune berger, et, ayant trouvé en lui une intelligence précoce, il voulut bien se charger de son éducation et le faire admettre au nombre des novices du monastère.

Voilà donc Gerbert parmi les moines, et à même, comme eux, de se livrer à ses études de prédilection. Il travailla avec ardeur, et ses progrès furent si rapides, qu'en peu d'années il devint le plus savant élève des révérends pères de Saint-Gérald. Mais l'érudition que le jeune pâtre avait acquise dans le silence du cloître, n'était pour lui qu'un préliminaire, et son ardente imagination lui faisant entrevoir des horizons scientifiques beaucoup plus étendus, il brûlait du désir de pousser ses études aux dernières limites du possible.

Sur ces entrefaites, Borel, comte de Barcelone, vint en pèlerinage au couvent de Saint-Gérald. Les moines s'empressèrent de lui montrer le jeune prodige : il en fut émerveillé, conçut pour lui une vive amitié, et demanda à l'emmener dans la Péninsule espagnole qui était alors sous la domination des Maures. Gerbert, avec l'assentiment de ses supérieurs, accepta la proposition du comte ; mais avant de partir il ira revoir encore une fois ses montagnes, et prier, dans le cimetière de Belliac, sur le tombeau de ses ancêtres. Il ne reverra plus l'Auvergne ni ses vénérables pères nourriciers d'Aurillac ; mais ceux-ci de près comme de loin ne l'oublieront pas ; leurs vœux et leurs conseils le suivront dans les luttes qui vont commencer pour lui et qui ne cesseront qu'à sa mort.

Gerbert et son illustre protecteur partirent pour l'Espagne, vers le milieu de l'année 955. Les deux voyageurs traversèrent les Pyrénées, et après quelques jours de marche, ils arrivèrent dans la capitale de la Catalogne.

Ayant séjourné pendant plus d'un an dans cette riche Barcelone, qui était alors gouvernée par le Murgrave Séniofried, Gerbert se sépara du comte Borel, pour aller visiter Cordoue et s'initier à la sagesse des Arabes.

Cordoue était alors l'Athènes de l'Islamisme. Abd-el-Rahman III y faisait son séjour habituel, et ce prince, dont les revenus étaient immenses, protégeait les sciences et les arts, et les hommes qui les faisaient progresser recevaient les plus hauts témoignages de sa munificence souveraine.

On enseignait dans les écoles de Cordoue le *Trivium* et le *Quadrivium* d'Alcuin qui comprenaient presque toutes les sciences. Notre jeune et studieux voyageur resta quatre ans dans la ville mauresque et s'y lia d'amitié avec les plus savants professeurs de l'Andalousie : ce fut en assistant assidûment à leurs leçons qu'il sentit naître en lui ce goût passionné pour la mécanique qui fut une des gloires de sa vie.

Le comte Borel et Gerbert se rejoignirent à Grenade, et partirent ensemble pour l'Italie. Les deux voyageurs arrivèrent à Rome le 29 septembre 961, et quelques jours après le pape Jean XII les reçut l'un et l'autre avec faveur et distinction.

Dans cette ville Gerbert vit pour la première fois l'empereur Othon le Grand, avec lequel il eut plusieurs conférences qui, établissant entre eux une affection mutuelle, eurent pour effet d'attacher pour toujours Gerbert à la maison de l'illustre fondateur des républiques italiennes.

A l'époque dont nous parlons, le roi Lothaire régnait en France, mais sa puissance était affaiblie par les guerres intestines que se faisaient les princes et les gouverneurs des provinces qui, reconnaissant à peine sa suzeraineté, se liguaient souvent avec ses ennemis du dehors, pour ébranler sa puissance et asseoir la leur sur des bases plus solides.

Lothaire, que des liens de parenté unissaient à la maison impériale de Saxe, avait envoyé un ambassadeur à Othon. Ce diplomate ne tarda pas à reconnaître les hautes qualités de Gerbert, et il l'emmena avec lui en France aussitôt que sa mission fut remplie. Les deux nouveaux amis, après avoir pris congé de l'empereur et de la reine Adélaïde, sa femme, qui les comblèrent de présents, partirent en effet pour la France, et ils arrivèrent à Paris pour assister aux derniers moments du roi, et à l'intronisation de son fils Louis V, dernier rameau de l'arbre carlovingien.

Gerbert, installé dans la capitale du royaume de France, ne tarda pas à y prendre la place que ses vastes connaissances lui méritaient; mais dévoré toujours par le désir d'en acquérir de nouvelles, il alla successivement étudier dans les couvents de Fleury, de Tours, de Metz, d'Auxerre, de Verdun, de Toul, de Liége, de Lobbes, de Gembloux, de Corcum, de Trèves, lesquels formaient comme un réseau de haut enseignement. Ce fut dans ces divers monastères qu'il se lia d'amitié avec Adalbéron, Notger, Ecbert, Eccard, Adson, Constantin et plusieurs autres savants abbés, évêques et archevêques.

Rassasié de sciences, Gerbert voulut enfin prendre un peu de repos, et il alla se fixer à Reims, près de son ami Adalbéron, qui occupait alors le siége archiépiscopal de Saint-Remi, devant lequel les rois de France venaient s'agenouiller pour recevoir l'onction sainte. Mais ce fut en vain que Gerbert compta sur quelques moments de loisir : on lui offrit et il accepta la chaire que le célèbre Hincmar avait déjà illustrée, et il la rendit plus illustre encore. Il plaça à côté des statues des pères de l'Église, celles de Démosthène, de Virgile, d'Horace, de Térence, de Lucain, de Cicéron et d'Aristote, et il fit sentir dans ses leçons, auxquelles assistaient les plus grands personnages de l'époque, toutes les beautés des historiens, des poëtes et des orateurs de la Grèce et de Rome. Il donna une attention toute particulière à l'enseignement des sciences exactes. Grâce aux chiffres arabes, à la numération décimale, et à une machine à calculer appelée *abacus*, qu'il avait apportés de Cordoue, il put faire descendre les mathématiques au niveau de toutes les intelligences. Il vulgarisa l'astronomie à l'aide de différentes sphères, qu'il construisait souvent de ses mains. Il employa le *monocorde* des Grecs anciens pour redresser l'oreille et la voix de ses auditeurs, dont il adoucit les mœurs sauvages en les soumettant aux charmes de la musique. (Voy. J. Sabbatier, Notice sur Gerbert.)

Malgré les travaux que nécessitait son école, il trouvait encore le temps de correspondre avec les plus éminents personnages de son époque; il se livrait même, dans le silence de la nuit, à son goût favori pour la mécanique.

Il construisait alors des clepsydres à rouages, des orgues hydrauliques, des cadrans solaires et autres instruments propres à mesurer le temps. Il est prouvé que Gerbert inventa des tubes qui, garnis de verres à leurs deux extrémités lui rendaient plus faciles les observations astronomiques; il découvrit, si l'on en croit les biographes, six cents ans avant Franklin, le moyen de se rendre maître du fluide électrique.

« Rome ne vit pas sans admiration son pontife dresser, pendant les nuits pures de l'Italie, un tube à travers lequel il contemplait le mouvement des cieux...., et, pendant les chaleurs du jour, érigeant sur les places publiques une pointe aiguë au sommet d'une flèche immense, manier la foudre, défier l'orage, gouverner la tempête. » (Voy. M. L. Barse, *Lettres de Gerbert*, 2 vol.) Quelques historiens, tels que les bénédictins, le Père Alexandre, Moréri, Marlot, Brovius, Dithmarus, le président Hénault, etc., pensent, et ce n'est pas sans raison, qu'il fut l'inventeur du *poids moteur* qui remplaça si avantageusement ce réservoir liquide constituant la force motrice des rouages primitifs. Plusieurs auteurs modernes et entre autres MM. Axinger, L. Barse et J. Sabbatier, s'appuyant sur des textes sérieux, ont dit que Gerbert, dans le cours de ses travaux de haute mécanique, avait cherché à utiliser la vapeur comme force motrice et qu'il l'avait appliquée à un orgue à rouage d'une grande dimension.

M. David (d'Angers), ayant eu à exécuter la statue de Gerbert, pour la ville d'Aurillac, n'a pas manqué, dans un des bas-reliefs de ce monument, de montrer le pape Silvestre II dans son laboratoire, s'occupant de mécanique et particulièrement d'horlogerie, et cherchant à faire mouvoir par la force de la vapeur les divers instruments harmoniques ou de précision mathématique qu'il construisait.

On attribue aussi à Gerbert l'invention du rouage de la sonnerie, mais ce n'est pas un fait certain. Ce qui est positif, c'est que ce rouage était déjà connu et mis en action au xiᵉ siècle, c'est-à-dire peu de temps après la mort du pape Sylvestre II, et on en faisait particulièrement usage dans les monastères. En effet il est fait mention des horloges sonnantes dans les *usages de l'ordre de Cîteaux*, compilés vers l'année 1112, livre où il est prescrit au sacristain « de remonter l'horloge de manière qu'elle sonne et l'éveille avant les matines. » Dans le même ouvrage il est ordonné aux moines « de continuer la lecture jusqu'à ce que l'horloge sonne, etc. » (Voy. *Dom Calmet, Commentaire littéral sur la règle de Saint-Benoît.*)

Il n'est pas certain, disons-nous, que Gerbert soit l'inventeur des horloges à sonnerie, mais nous ajouterons cependant que la chose est fort probable. Il se pourrait qu'un homme ignoré, religieux ou laïque, eût fait cette belle invention, mais n'est-il pas plus raisonnable de croire qu'on la doit à un savant mécanicien, à un géomètre distingué ? Or, les géomètres et les mécaniciens étaient rares au xᵉ siècle, et l'histoire ne nous fait connaître qu'un seul homme, et ce fut Gerbert, qui à cette époque avait fait des mécaniques remarquables et des horloges tellement curieuses, que les ignorants crurent qu'il n'avait pu les exécuter qu'à l'aide des sciences occultes et avec le secours du démon. *Admirabile horologium fabricavit per instrumentum diabolica arte inventum (Guill. Marlot., Metrop. Rem. Historia).*

Dithmarus cite aussi une horloge que Gerbert avait construite à Magdebourg, laquelle par la complication de ses rouages, fit pendant longtemps l'admiration des princes et de tous les savants qui purent l'examiner.

La haute réputation que se fit Gerbert, à Reims, engagea la reine Adélaïde, épouse de Hugues Capet, à lui confier l'éducation de son fils Robert, qui, après la mort de son père, monta sur le trône de France. L'éducation de ce jeune prince étant terminée en 981, Gerbert quitta Paris et retourna auprès d'Othon II, qui avait grand besoin de ses conseils pour lutter avec avantage contre ses ennemis.

Lorsque le calme fut rétabli en Italie et en Allemagne, Othon, voulant récompenser dignement Gerbert pour les services qu'il lui avait rendus, lui fit accepter l'abbaye de Bobbio, située dans les Apennins. Le nouvel abbé n'eut pas lieu de se féliciter du présent de l'empereur. L'abbaye avait été dévastée par son prédécesseur, et il n'en restait plus que les murailles ; les terres étaient demeurées sans culture et les vassaux ne payaient plus leurs redevances ; d'ailleurs ils suspectaient Gerbert, qui n'était pour eux qu'un intrus indûment favorisé par l'empereur, et ils lui firent éprouver, malgré la sévérité dont il s'était armé contre eux, des désagréments sans nombre et des privations de toute espèce. Bref, la place n'était pas tenable, et il écrivait à ce sujet à Othon : « Les greniers et la cave n'ont rien , la bourse est vide. Hélas! malheureux! que suis-je venu chercher ici? J'aimerais mieux, si cela se pouvait, avec la permission de mon seigneur, être à la gêne tout seul parmi les Gaulois, que de me voir dans cette Italie, mendiant parmi tous les besoigneux. » (*Lettres à Othon II*. Traduction de M. L. Barse.)

Pendant son séjour à Bobbio, et malgré les chagrins qu'il y éprouvait, il ne s'en livrait pas moins à ses études favorites, et ce fut dans cette abbaye qu'il exécuta un orgue qu'il destinait aux révérends pères d'Aurillac, avec lesquels il n'avait pas cessé d'entretenir une correspondance active.

Gerbert quitte enfin l'Italie et retourne à Reims, où il va reprendre ses fonctions d'écolâtre et de secrétaire d'Adalbéron. Sa réputation grandit encore : on accourait de tous les points de la Gaule pour assister à ses leçons.

Quoique Gerbert ne fût officiellement que le secrétaire d'Adalbéron, il était en réalité son premier ministre, et les affaires d'État ne se réglaient jamais sans son assentiment ou par son ordre. Ce fut lui qui, après la mort de Louis V, fils de Lothaire, agit le plus habilement et le plus efficacement en faveur de Hugues Capet, et celui-ci ne s'empara du sceptre des Carlovingiens que parce que Gerbert et Adalbéron s'étaient mis à la tête de son parti.

On dit que les rois sont ingrats : Hugues Capet le fut envers Gerbert en ne le nommant pas à l'archevêché de Reims, après la mort d'Adalbéron qui l'avait désigné pour son successeur. Ce fut Arnould, fils naturel de Lothaire qui obtint ce riche archevêché, mais il ne le garda pas longtemps, car ayant trahi Hugues Capet, qu'il regardait comme un usurpateur, il fut arrêté, jeté en prison, traduit devant un synode, à Saint-Basle, condamné et déposé. Le même synode élut Gerbert à sa place. Malheureusement Rome cassa le jugement rendu contre Arnould, désapprouva l'élection de Gerbert, et frappa de *suspense* les évêques qui avaient siégé au synode de Saint-Basle. Gerbert, dont l'âme était ardente, et qui ne croyait pas avoir mérité un tel affront, refuse d'obéir au pape et une polémique regrettable s'engage entre l'archevêque rebelle et les conseillers du Vatican : « On peut, disait-il, me chasser

de Reims, mais me contraindre à me reconnaître pour un intrus, jamais ! »
(Voy. J. Sabbatier.)

Quelques évêques refusèrent d'embrasser la cause de Gerbert et de désobéir au souverain Pontife. Alors il se passa une chose grave au point de vue de la chrétienté ; et Gerbert, six cents ans avant Luther et Calvin, fut sur le point de méconnaître la puissance de Rome et de prêcher ouvertement la révolte contre l'infaillibilité papale. Il écrivit à l'archevêque de Sens des lettres brûlantes d'énergie et dans lesquelles il soutint que les évêques du synode de Saint-Basle avaient raison contre le Saint-Siége et qu'ils ne devaient pas fléchir devant lui. « Si quelqu'un de vous, dit-il, annonce quelque chose au delà de ce que vous avez retenu, fût-il un ange des cieux, qu'il soit anathème ! » Il dit encore : « Parce que le pape Marcelin a brûlé l'encens devant Jupiter, est-ce à dire que tous les évêques doivent brûler l'encens ? Je déclare hautement que si, averti plusieurs fois, il n'a pas écouté l'Eglise... eh bien, l'évêque romain, d'après le précepte de Dieu, doit être tenu pour un païen et un publicain... Un prêtre, à moins qu'il n'ait avoué ou qu'il n'ait été convaincu, ne saurait être privé de son office... Donc ne permettons pas à nos adversaires de soumettre au pouvoir *d'un seul* le sacerdoce qui partout est un comme l'Église catholique est une, etc. »

Après avoir ému d'une manière fâcheuse le monde chrétien, Gerbert se soumit enfin ; il quitta Reims, et vint se réfugier à la cour d'Othon III, qui, comme Robert Ier avait été son élève. Bientôt après, le pape Jean XIV étant mort, Grégoire V, qui lui succéda, donna à Gerbert l'archevêché de Ravenne et lui rendit l'abbaye de Bobbio, dont les vassaux, revenus à de meilleurs sentiments, se soumirent à sa puissance.

Grégoire V ne resta pas longtemps sur le siége de Saint-Pierre, et à sa mort l'hérésie releva la tête, l'Europe fut profondément ébranlée, et il ne fallait rien moins que toute l'énergie de l'empereur Othon pour lutter efficacement contre la révolte et l'insubordination qui éclataient à la fois sur tous les points de l'Italie et de l'Allemagne. C'était un moment critique, et plus que jamais Rome avait besoin d'un pape assez fort pour soutenir dignement la tiare pontificale, et raffermir la couronne chancelante de l'empereur Othon. Celui-ci, s'étant créé de puissants amis parmi les princes de l'Église, présenta et soutint la candidature de Gerbert, et, le 2 avril 999, le berger d'Aurillac parvenait à la papauté devant laquelle au moyen âge les plus grands rois s'inclinaient avec respect et crainte.

Gerbert fut le premier pape qui prêcha la croisade en faveur et pour la délivrance du saint Sépulcre. Son appel ne fut pas entendu, mais on voit que dans son esprit ce grand homme embrassait déjà toute la grande œuvre qu'un demi-siècle plus tard un de ses successeurs, Grégoire VII, entreprit de nouveau, et qu'Urbain II acheva au commencement du xiii° siècle.

Gerbert mourut le 12 mai 1003, dans la cinquième année de son pontificat. Il fut enseveli sous le portique de Saint-Jean-de-Latran. Avant de descendre dans la tombe, le pape Sylvestre II avait pardonné aux ennemis de Gerbert, et même à Arnould qu'il avait replacé sur le siége de Saint-Remi.

Le pape Serge IV, le troisième de ses successeurs, fit graver l'épitaphe uivante sur la pierre tumulaire qui recouvrait Gerbert :

« Ci-gît Sylvestre. Quand retentira la trompette annonçant le jugement de Dieu, cette tombe rendra la dépouille mortelle de celui qui, à l'illustration de la science joignit le titre glorieux de Pontife romain.

« Comme le prince des apôtres auquel il succéda sur le siége sacré, il reçut trois fois la mission de paître les peuples. Quand il eut rempli pendant un lustre ces sublimes fonctions, il se trouva au bout de sa carrière et mourut.

« Le monde d'où s'envola la concorde resta stupéfait; l'Église vit chanceler la victoire et ne connut plus de repos.

« L'évêque Serge, son successeur, par un tendre sentiment de piété, a orné le cercueil d'un ami.

« Vous qui jetez les yeux sur cette pierre funèbre, qui que vous soyez, répétez : Seigneur tout-puissant ayez pitié de lui. »

César Raspéoni, chanoine de Latran, qui vivait vers le milieu du xvii° siècle raconte que lorsqu'en 1648, on ouvrit le tombeau de Gerbert, il en était sorti une agréable odeur, et que l'on avait trouvé dans un cercueil de marbre le corps de Gerbert bien conservé, revêtu des habits pontificaux, la mitre en tête et les bras croisés, mais qu'au contact de l'air il était tombé en poussière, et qu'il n'en était resté qu'une croix d'argent et l'anneau épiscopal.

Les habitants du Cantal, ont fait élever un monument à la mémoire de Gerbert. Ce monument dont l'exécution est due, comme nous l'avons dit plus haut, à M. David (d'Angers), a été érigé sur une des places publiques de la ville d'Aurillac, le 16 septembre 1851.

L'horloge de Dijon qui a aujourd'hui trois figures, Jacquemart, sa femme et un enfant, n'en avait que deux dans l'origine, car les auteurs qui ont écrit sur cette horloge postérieurement au XVIIe siècle ne font mention que de deux automates, lesquels ont été renouvelés plusieurs fois comme le prouve une pièce de vers en patois que l'on attribue au fameux vigneron Changenet et qui fut faite vers la fin du XVIe siècle. Cette pièce de vers est intitulée : *Mariaige de Jaiquemart*.

L'auteur commence par dire que tout le monde accourt vers la poissonnerie, c'est-à-dire dans la rue Musette, pour voir Jacquemart :

> Compaire, voci core ce jan
> Qui voi qu'alon contre Sain-Jean,
> Tiran ai poissonnerie?
> Ç'a qui von voi le braverie
> De lai venue de Jaiquemar
> Qui n'a ni sur tar ni sur mar...

Ensuite le poëte témoigne sa surprise de voir un nouveau Jacquemart, fort, nerveux comme un hercule, au lieu d'un petit homme laid, mal fait, bossu, ressemblant à un Esope, qui existait auparavant. Il exprime ainsi sa surprise :

> I ne sai si j'ai voo trô bue,
> Vou si j'aivoo lés ébreluë
> Quan je le vi l'autre de jor:
> Ma je ne peu tomber d'accor'
> Qui çà Jaiquemer en personne.
> Po Jaiquemar, c'étoo ein homme
> De cote taille, aissé mau fai,
> Qui resonne cés Isopai
> Qui s'an-von sarran lés épaule

> Qu'ai sanne ai voi de faut épaule;
> Ma cetu qui, tòt et rebor,
> A lai come ein homme bé for,
> Come ein Rolan, ein Herculiesse,
> Gran et pussan come Laiguesse
> Lai maïgne d'un homme fàchai,
> Sanne qu'ai veule tô frachai...

L'auteur, passant à la femme de Jacquemart, en fait le portrait suivant,

> Tôt auprès de lu, éne fanne
> Belle bé grant et an bon pain,
> Qui ressanne lai leugne en plain;
> Son haïbi ai lai parisienne,
> Elle resanne dame Hélène
> Qui demeure au dessu du bor,
> Qui fai fête de tô lé jor,
> Lé fanne sont en rêverie
> Porquoi Jaiquemar eu anvie
> Et le vouloi de s'en alai
> Si lontam de çai et de lai
> Por emennai cete envolôpe,
> Qu'ai saichein bé que dans l'Eurôpe
> Ai n'y an é pas éne tei;
> Elle à faite d'ein tei motei;
> Que j'aimoi elle n'e aifaire
> De meidecin, d'aipoticaire;
> Et ça lai fanne lai pu saige
> Et lai pu pròpe au mairiaige
> Que jaimoi lai rarre é potai
> Elle a si plena de bontai
> Que si Jaiquemar li fai teigne,
> Elle e si pò qu'ai ne so greigne,
> Qu'elle ne fai que son vouloi...

A la suite de ces vers, vient un tableau peu gracieux des femmes qui font enrager leurs maris : la matière est ample. Puis, l'auteur déplore le sort de Jacquemart, qui ne peut contenter tout le monde; il sonne trop tôt les heures pour les joueurs, pour les amoureux qui ont des rendez-vous; trop tard pour les paresseux, les saouls-d'ouvrer, etc., etc.; malgré cela, dit-il :

> Jacquemart de ran ne s'étonne;
> Le froid de l'hiver, de l'autonne,

Le chaud de l'étai, du printam,
Ne l'on su randre maucoutau
Qu'ai pleuve, qu'ai noge, qu'ai grole,
El lé sai tête dans sai camle,
El lé deu prié dans sé soulai,
Ai ne veu pas sóti de lai.

Pour les personnes qui ne connaissent pas le patois bourguignon , nous donnerons, toujours d'après M. Peignot, la traduction de ces vers :

Compère, où courent ces gens
Que je vois aller contre Saint-Jean,
Tirant à la poissonnerie?
C'est qu'il vont voir les belles choses
De la venue de Jacquemar,
Qui n'est ni sur terre, ni sur mer...
. . . .
. . . .
Je ne sais si j'avais trop bu,
Ou si j'avais la berlue,
Quand je le vis l'autre jour;
Mais je ne puis tomber d'accord
Que c'est Jacquemart, en personne.
Pour Jacquemart, c'était un homme
De courte taille, assez mal fait,
Qui ressemble à ces Ésopes
Qui s'en vont serrant les épaules,
Qu'il semble voir de pauvres diables;
Mais celui-ci, tout au rebours,
Est là comme un homme bien fort,
Comme un Roland, un Hercule,
Grand et puissant comme Laguesse;
La mine d'un homme fâché
Il semble qu'il veuille tout briser...
. . . .
Tout auprès de lui, une femme
Belle et bien grande et en embonpoint,
Qui ressemble la lune en plein;
Son habit à la parisienne :
Elle ressemble dame Hélène,
Qui demeure au-dessus du bourg.
Qui fait fête de tous les jours (elle était cabaretière).
Les femmes sont à chercher

Pourquoi Jaquemart eut l'envie
Et le vouloir de s'en aller
Si longtemps de cà de là,
Pour amener cette enveloppe (femme de moyenne vertu).
Qu'elles sachent bien que dans l'Europe
Il n'y en a pas une telle.
Elle est faite d'un tel mortier,
Que jamais elle n'a affaire
De médecin, d'apothicaire;
De barbier elle s'en soucie moins
Qu'on ne le fait d'un sale essuie-main;
Et c'est la femme la plus sage,
Et la plus propre au mariage
Que jamais la terre ait portée,
Elle est si pleine de bonté,
Que si Jaquemart lui cherche querelle,
Elle a si peur qu'il ne soit triste
Qu'elle ne fait que sa volonté...
. . . .
. . . .
Jaquemart de rien ne s'étonne;
Le froid de l'hiver, de l'automne,
Le chaud de l'été, du printemps
N'ont pu le rendre mécontent.
Qu'il pleuve, qu'il neige, qu'il grêle,
Il a sa tête dans son bonnet,
Et ses deux pieds dans ses souliers;
Il ne veux pas sortir de là.

Il nous reste encore à constater ce fait, que l'enfant qui sonne aujourd'hui les quarts à l'horloge de Dijon a été ajouté à cette horloge par un serrurier ou un horloger nommé Saunois, qui vivait au commencement du xviiie siècle. Aimé Piron, grand-père de l'auteur de la *Métromanie*, nous fait connaître cette particularité dans une pièce de vers imprimée en 1714, par laquelle il invite les échevins de la ville de confier audit serrurier l'exécution d'un enfant chargé de sonner les dindelles (les petites cloches qui sonnent les quarts) :

Sônoi ce moître ôvrei si daigne
Ç'àt ein chèdeuvre qu'il è fai.
Por ansin, messieu, s'ai vo glai,
J'esperon dan lai concluance

De vote aidmirable prudance,
Qui n'é pa de paisoisse ai lei,
Qu'on noisé bé ce sarrurei,
Sarrurei qu'à tô pré de faire,
  Po randre complaitte l'aifaire,
  Po chéque raipeâ ein hairai.

Saunois ce maître ouvrier si digne,
C'est un chef-d'œuvre qu'il a fait
Ainsi, messieurs, s'il vous plaît,
Nous espérons, dans la conclusion
De votre admirable prudence
Qui n'a pas sa pareille,
  Qu'on paiera bien ce serrurier,
  Serrurier qui est tout prêt à faire,
  Pour compléter cette affaire,
  Pour chaque rappel un enfant.

NOTE 3

Christian Huyghens naquit à La Haye, le 14 avril 1629. Le père de cet homme célèbre était secrétaire et conseiller des princes d'Orange.

Le jeune Huyghens puisa de bonne heure, dans la maison paternelle, l'amour de la gloire et l'enthousiasme pour les grands hommes. Envoyé à Leyde, en 1644, pour étudier en droit, il voulut connaître la géométrie de Descartes. Schooten fut son guide : bientôt le jeune géomètre enrichit de remarques nouvelles et ingénieuses le commentaire que son maître a donné sur la géométrie de Descartes; et dès 1651 il fut, dit Condorcet, en état de relever des erreurs dans le grand ouvrage de Grégoire de Saint-Vincent, que les jésuites et les envieux de Descartes voulaient placer à côté de celui de ce grand philosophe.

Nous ne prétendons pas mentionner ici toutes les découvertes que fit Huyghens dans la géométrie et dans l'astronomie; elles sont nombreuses et importantes, mais elles s'écartent de notre sujet. Nous nous bornerons à dire que ce savant astronome est de tous les savants, comme de tous les horlogers de l'Europe, celui qui a rendu les plus éminents services à l'horlogerie. On peut dire qu'il a créé de nouveau cet art en adaptant le pendule aux horloges et le ressort spiral au balancier des montres. Que l'on se figure en effet ce que c'était qu'une horloge sans pendule (à foliot) et une montre à balancier sans ressort spiral! Quelle régularité pouvait-on attendre de ces instruments? Aucune. C'est donc avec raison que nous disons que par ses admirables découvertes Huyghens a créé de nouveau l'art chronométrique, qui plus tard devint l'auxiliaire obligé de la science astronomique et de presque toutes les autres sciences positives.

Huyghens fut souvent mêlé aux grands personnages de son époque. En

1649, il accompagna en Danemarck le comte Henri de Nassau. Descartes était alors en Suède; Huyghens désirait passionnément de le voir, et il était digne de converser avec lui ; mais le comte de Nassau retourna trop tôt en Hollande, Huyghens fut privé du bonheur de voir ce grand homme, près d'être enlevé à un monde qui n'en avait pas senti le prix, et Descartes n'eut pas le plaisir de prévoir tout ce que la philosophie devait espérer de Huyghens.

Depuis l'année 1655, jusqu'en 1663, il fit plusieurs voyages en France et en Angleterre. Dans son premier séjour en France, il fut reçu docteur en droit de l'Université d'Angers, où les protestants étaient alors admis.

Appelé par Colbert, en 1666, il vint à Paris jouir des encouragements que Louis XIV donnait aux sciences, et il fut, jusqu'en 1681, un des plus illustres membres de l'ancienne Académie.

Les édits contre les protestants l'obligèrent à quitter la France. On essaya en vain de le retenir : il dédaigna une protection particulière qui n'aurait pas été celle des lois, et retourna dans son pays et dans sa famille chercher la liberté et la paix. La fin de sa vie y fut troublée par des chagrins domestiques : peut être sa famille eut-elle de la peine à lui pardonner d'avoir renoncé à tous les avantages qui auraient rejailli sur elle, et de n'avoir été qu'un grand homme.

Il avait connu Leibnitz pendant son séjour à Paris, et c'était en partie dans la société de Huyghens que Leibnitz avait senti se développer son génie pour les mathématiques.

On voit dans la correspondance littéraire de Leibnitz et de Bernouilli, où ces deux illustres amis se confient leurs plus secrets sentiments, quelle profonde estime ils avaient pour Huyghens, combien ils étaient avides de ses manuscrits et jaloux d'y trouver leurs opinions, et avec quel triomphe ils opposaient le seul jugement d'Huyghens à la foule des adversaires qu'avait attirés aux calculs de l'infini le double tort d'être nouveaux et sublimes. Si quelque chose à droit de flatter l'amour-propre, ce sont de tels éloges donnés par de grands hommes dans le secret de leur correspondance intime, et auxquels la malignité ne peut soupçonner aucun motif qui en diminue le prix.

Huyghens mourut le 5 juin 1695. On attribue sa mort à un excès de travail ; du moins la perte totale de ses facultés précéda sa mort de quelques mois.

Il avait éprouvé un pareil accident dans le temps de son séjour à Paris ;

alors un voyage dans son pays l'avait rétabli et son génie avait pu reprendre ses forces, et, ce qui est plus singulier encore, retrouver les connaissances qu'il avait oubliées. Mais après cette dernière rechute il n'eut que quelques instants lucides, et ce furent les derniers de sa vie. Il en profita heureusement pour s'occuper de ses manuscrits, et il laissa à deux de ses disciples, Valter et Fullen, le soin de les mettre en ordre.

On dit que Huyghens, étant à Paris, avait connu la célèbre Ninon de l'Enclos et fait pour elle d'assez mauvais vers. Sa conduite avec Hartsoecker, dont Fontenelle a parlé dans l'éloge de ce dernier, prouve qu'il avait une âme franche et élevée. Il eut quelques disputes littéraires, qui ont été oubliées avec le nom de ses adversaires. Le sien vivra tant que les mathématiques, l'horlogerie et les arts seront cultivés ; et s'il n'a pas laissé une réputation aussi brillante que celle de Newton, c'est qu'avec un génie peut-être égal il n'a fait que préparer la révolution que Newton a eu la gloire de faire dans le calcul et dans la philosophie (Voyez *Condorcet*, *Bailly*, *Histoire de l'Astronomie moderne*).

NOTE 4

Élève de Gretton, célèbre horloger de Londres, Sully, très-jeune encore, s'appliqua à l'étude de la mécanique et de quelques autres sciences qui ont pour base les mathématiques. Il fit, dès l'âge de dix-huit ans, des recherches sur l'astronomie qui le firent connaître et estimer du grand philosophe Newton ; il passa ensuite en Hollande, de là à Vienne, où il s'occupa de la lecture des Mémoires de l'Académie et de tous les livres qui pouvaient l'éclairer. Étant venu en France pendant la minorité de Louis XV, Sully se lia particulièrement avec Julien Le Roy, dont la réputation commençait à grandir.

Pendant son séjour à Paris, Sully fut présenté au duc d'Orléans, régent de France, qui, après s'être entretenu quelque temps avec lui sur les sciences mathématiques, lui donna une gratification de 1,500 francs, et le chargea d'aller chercher à Londres des ouvriers horlogers habiles pour établir à Versailles une manufacture d'horlogerie. Elle fut établie, en effet, et il en fut nommé directeur. Cette place lui fut d'abord très-avantageuse et très-lucrative ; malheureusement il ne la conserva pas longtemps. Sully, à cette époque, n'avait pas une conduite régulière ; il était prodigue à l'excès, et malgré tout son talent, la manufacture périclita sous sa direction, et il devint nécessaire de lui donner un successeur. Ce fut Gaudron, horloger du régent, qui le remplaça.

Peu de temps après cette disgrâce, l'artiste anglais, aidé par M. le maréchal de Noailles, établit une autre manufacture à Saint-Germain, et celle-ci ne tarda pas à surpasser celle de Versailles. Cependant, soit que ces fabriques fussent mal dirigées, soit que le goût de l'horlogerie ne fût pas encore bien vif en France, elles ne tardèrent pas à tomber l'une et l'autre. L'Angleterre en profita pour engager Sully à revenir dans sa patrie avec tous les ouvriers qu'il lui serait possible d'amener avec lui. Sully retourna donc à Londres ; mais le peu de secours qu'il y trouva, joint à son inclination pour la France le ramenèrent bientôt à Versailles ; là, devenu plus laborieux et moins prodigue, il acquit en peu de temps l'estime de toute la cour, et il se trouva bientôt, par son travail, non-seulement en état de subvenir à tous ses besoins, mais aussi de satisfaire à ses engagements antérieurs. Ce fut alors que, libre et l'esprit tranquille, il construisit son horloge à levier horizontal pour l'usage de la marine. Il appliqua son nouvel échappement à cette machine, et il la présenta à l'Académie. Bientôt le roi lui accorda une pension de six cents livres qu'il conserva jusqu'à sa mort.

L'horloge de Sully était travaillée avec beaucoup de soin, et elle marcha pendant plusieurs semaines avec une régularité parfaite. Ce mode d'horloge eut d'abord un grand succès ; mais il ne dura pas longtemps : le nouvel échappement de Sully ne valait rien, et l'auteur lui-même fut obligé de le remplacer par celui à roue de rencontre.

En 1726, Sully fit un voyage à Bordeaux pour faire sur mer des expériences propres à constater le degré de régularité de son horloge. On peut voir les détails qu'il publia à cette occasion dans une brochure intitulée : *Description d'une horloge d'une nouvelle invention,* etc.

Sully, après avoir été très-bien accueilli à Bordeaux, revint à Paris, où il trouva ses affaires dérangées ; le chagrin qu'il en éprouva altéra sa santé, et il resta longtemps malade. Dès qu'il fut rétabli, il entreprit l'exécution de la méridienne de Saint-Sulpice.

En 1728, il publia un petit ouvrage dont le titre était : *Méthode pour régler les montres et les pendules,* dans lequel il donnait le plan d'un grand traité d'horlogerie qu'il espérait peut-être un jour mettre à exécution.

Sully fit paraître successivement : la règle artificielle du temps, la nouvelle pratique pour connaître plus exactement la longitude dans la navigation.

Ce célèbre horloger fut un de ceux qui créèrent la Société des Arts, qui, protégée et présidée par le régent, rendit de grands services à la science chronométrique.

Après avoir employé beaucoup d'énergie pour étendre l'influence de cette Société, Sully en devint le martyr. Son zèle l'entraîna trop loin. Un jour, dit-on, ayant appris qu'une personne qui demeurait dans un quartier éloigné avait l'intention de présenter un ouvrage de nouvelle invention, il

n'eut pas la patience d'attendre que l'auteur apportât cet ouvrage à la Société; il alla lui-même le chercher, et comme on lui avait remis une adresse
inexacte, il se donna beaucoup de peine pour trouver l'artiste. La fatigue
qu'il éprouva lui occasionna une fluxion de poitrine dont il mourut, au mois
d'octobre 1728. Il fut inhumé à Saint-Sulpice, au pied du sanctuaire, non
loin de la méridienne qui était son ouvrage.

Sully fut un de ces génies heureux qui font honneur à leur état et à leur
siècle : on ne peut disconvenir qu'il n'ait eu une très-grande part à la révolution qui s'opéra dans l'horlogerie européenne et qui eut pour résultat de
mettre définitivement le sceptre de l'art entre les mains des horlogers de la
France.

NOTE 5

Pierre-Augustin Caron, qui prit à vingt ans le nom de Beaumarchais, naquit le 25 janvier 1732, dans la boutique de son père, horloger, située rue Saint-Denis, presque en face de celle de la Ferronnerie. Le jeune Caron avait à peine treize ans, lorsqu'il commença son apprentissage d'horloger. Son imagination ardente, son goût pour les plaisirs vifs et bruyants ne lui permirent pas d'abord de faire de grands progrès dans l'art auquel on le destinait; mais après maintes escapades qui rappellent quelque peu celles du page Chérubin, il se donna enfin tout entier à l'horlogerie, et il y réussit au delà des espérances paternelles. En effet, à peine âgé de vingt ans, le futur auteur du *Mariage de Figaro* avait déjà inventé l'échappement à double virgule, que, peu de temps après, l'horloger Le Paute lui disputa sans succès, car l'Académie des sciences ayant été mise en demeure de se prononcer entre les deux compétiteurs, donna solennellement gain de cause au jeune horloger de la rue Saint-Denis. Ce jugement offrit à Beaumarchais l'occasion d'écrire les lettres suivantes, qui l'aidèrent à se produire dans le monde, et dans lesquelles il se montre aussi bon commerçant qu'excellent logicien.

Lettre adressée à l'Académie des sciences, le 13 novembre 1753 [1].

« Instruit, dit-il, dès l'âge de treize ans, par mon père, dans l'art de l'horlogerie, et animé par son exemple et ses conseils, à m'occuper sérieu-

---

1. Ces lettres sont extraites d'un article de la *Revue des Deux Mondes,* inséré dans la livraison du 1er octobre 1852. Cet article est de M. de Loménie, savant distingué qui a trouvé des documents précieux concernant la vie de Beaumarchais.

sement de la perfection de cet art, on ne sera pas surpris que, dès l'âge de dix-neuf ans seulement, je me sois occupé à m'y distinguer et à tâcher de mériter l'estime publique. Les échappements furent les premiers objets de mes réflexions. Retrancher tous leurs défauts, les simplifier et les perfectionner fut l'aiguillon qui excita mon émulation. Mon entreprise était sans doute téméraire ; tant de grands hommes, que l'application de toute ma vie ne me rendra peut-être jamais capable d'égaler, y ont travaillé sans être parvenus au point de perfection tant désiré, que je ne devais pas me flatter d'y réussir ; mais la jeunesse est présomptueuse, et ne serai-je pas excusable, Messieurs, si votre jugement couronne mon ouvrage ? Mais quelle douleur si le sieur Lepaute réussissait à m'enlever la gloire d'une découverte que vous auriez couronnée !... Je ne parle pas des injures que le sieur Lepaute écrit et répand contre mon père et moi, elles annoncent ordinairement une cause désespérée, et je sais qu'elles couvrent toujours de confusion leur auteur. Il me suffira pour le présent que votre jugement, Messieurs, m'assure la gloire que mon adversaire veut me ravir, et que j'espère de votre équité et de vos lumières.

« CARON fils. »

Lettre adressée au Mercure *le* 16 *juin* 1755.

« Monsieur, je suis un jeune artiste qui n'ai l'honneur d'être connu du public que par l'invention d'un nouvel échappement à repos pour les montres, que l'Académie a honoré de son approbation et dont les journaux ont fait mention l'année passée. Ce succès me fixe à l'état d'horloger, et je borne toute mon ambition à acquérir la science de mon art. Je n'ai jamais porté un œil d'envie sur les productions de mes confrères : cette lettre le prouve[1] ; mais j'ai le malheur de souffrir fort impatiemment qu'on veuille m'enlever le peu de terrain que l'étude et le travail m'ont fait défricher. C'est cette chaleur de sang, dont je crains bien que l'âge ne me corrige pas, qui m'a fait défendre avec tant d'ardeur les justes prétentions que j'avais sur l'invention de mon échappement, lorsqu'elle me fut contestée il y a environ dix-huit mois.

« Je profite de cette occasion pour répondre à quelques objections qu'on

-----

1. Beaumarchais, en commençant cette lettre, avait fait l'éloge de Romilly, excellent horloger de Genève, établi à Paris.

m'a faites sur mon échappement dans divers écrits rendus publics. En se
servant de cet échappement, a-t-on dit, on ne peut pas faire de montres
plates ni même de petites montres, ce qui, supposé vrai, rendrait le meilleur
échappement connu très-incommode. »

Après quelques détails techniques qui se rapportent à l'invention de
l'échappement à double virgule, Beaumarchais termine ainsi :

« Par ce moyen, je fais des montres aussi plates qu'on le juge à propos,
plus plates qu'on n'en ait encore fait, sans que cette commodité diminue en
rien leur bonté. La première de ces montres simplifiées est entre les mains
du roi ; Sa Majesté la porte depuis un an, et elle en est très-contente. Si des
faits répondent à la première objection, des faits répondent également à la
seconde. J'ai eu l'honneur de présenter à Madame de Pompadour, ces jours
passés, une montre dans une bague de cette nouvelle construction simplifiée,
la plus petite qui ait encore été faite : elle n'a que quatre lignes et demie
de diamètre et une ligne moins un tiers de hauteur entre les platines. Pour
rendre cette bague plus commode, j'ai imaginé en place de clé un cercle
autour du cadran, portant un petit crochet saillant ; en tirant ce crochet avec
l'ongle, environ les deux tiers du tour du cadran, la bague est remontée,
et elle va trente heures. Avant que de la porter à Madame de Pompadour,
j'ai vu cette bague suivre exactement pendant cinq jours ma pendule à
secondes : ainsi, en se servant de mon échappement et de ma construction,
on peut donc faire d'excellentes montres aussi plates et aussi petites qu'on
le jugera à propos.

« Caron fils, horloger du roi. »

Voici encore un passage d'une lettre écrite par Beaumarchais à un de ses
cousins, horloger à Londres.

« J'ai enfin livré la montre au roi. Sa Majesté m'a ordonné de la monter
et de l'expliquer à tous les seigneurs qui étaient au lever, et jamais Sa Majesté
n'a reçu aucun artiste avec tant de bonté ; elle a voulu entrer dans le plus
grand détail de ma machine. C'est là que j'ai eu lieu de vous rendre beaucoup
d'actions de grâces du présent de votre loupe, que tout le monde a trouvée
admirable. Le roi s'en est servi surtout pour examiner la montre de bague de
Madame de Pompadour, qui n'a que quatre lignes de diamètre et qu'on a

fort admirée, quoiqu'elle ne fût pas encore achevée. Le roi m'a demandé
une répétition, dans le même genre, que je lui fais actuellement. Tous les
seigneurs suivent l'exemple du roi, et chacun voudrait être servi le premier.
J'ai fait aussi pour Madame Victoire une petite pendule curieuse dans le
goût de mes montres, dont le roi a voulu lui faire présent; elle a deux
cadrans, et de quelque côté qu'on se tourne, on voit l'heure qu'il est..... »

A vingt-cinq ans, Beaumarchais s'était déjà introduit parmi les gens de
cour et il en avait pris toutes les allures; estimé du roi, admis dans l'intimité
des filles de France, qu'il charmait par son esprit et ses talents, il voulut
acheter une charge à la cour et se faire anoblir. Tout se préparait selon ses
désirs : il avait l'argent pour acheter sa charge, Louis XV lui tenait prêtes
ses lettres de noblesse, mais un obstacle imprévu se présenta : comment
anoblir un homme dont le père exerçait l'état d'horloger? le fils d'un cour-
taud de boutique, ce n'était pas possible; les grands seigneurs s'y opposaient.
Bref, à force d'instances auprès de son père, Beaumarchais obtint de celui-ci
la cessation de son commerce, et alors rien ne s'opposa plus à ses projets,
il eut sa charge à la cour, et s'appela Monsieur de Beaumarchais. Nous rappe-
lons ce fait parce qu'il est caractéristique, parce qu'il prouve la morgue in-
vétérée d'une partie de la noblesse, même encore au suprême moment où
la monarchie s'écroulait sous les coups réitérés des philosophes et de la puissance du tiers-état.

NOTE 6

ANTIDE JANVIER

Antide Janvier naquit à Saint-Claude, petit village du Jura, en 1751. Son père simple laboureur, mais possédant le génie de la mécanique, avait quitté la charrue pour se livrer à la pratique de l'horlogerie, dont il avait appris les principes sans autre secours que celui de sa rare intelligence.

Ainsi les premiers hochets du jeune Antide furent des limes, des marteaux, des tours, des archets, etc. Il se trouvait donc en parfaite position pour apprendre facilement l'art que professait son père; ce fut en effet ce qui arriva; et dès l'âge de douze ans, Antide exécutait des pièces mécaniques assez compliquées. Le père de notre jeune artiste, pressentant que son fils serait un jour un horloger d'élite, ne négligea pas son éducation : il lui fit apprendre les langues grecque et latine, les éléments des sciences exactes, etc.

L'éclipse de soleil du 1ᵉʳ avril 1764 produisit une profonde impression sur l'esprit de Janvier, et dès lors sa vocation fut arrêtée; il se livra avec ardeur à l'étude de l'astronomie. Ses progrès furent tels, en mécanique comme en astronomie, que dès l'âge de seize ans, en l'année 1767, il avait construit une sphère mouvante qui fut reçue avec les plus grands éloges par l'Académie de Besançon, le 4 mai 1768. Les magistrats de cette ville voulurent aussi donner une marque d'intérêt et de confiance au jeune Janvier, et ils le nommèrent citoyen de Besançon, le 17 mai 1770. Vers la même année, Antide construisit, pour l'instruction publique, un grand planétaire de 3 pieds de diamètre. Cet instrument représentait les inégalités des planètes, leurs excentricités, la rétrogradation des points équinoxiaux, les révolutions des satellites autour de leur planète principale, etc.

En 1773, le 3 novembre, cette machine, perfectionnée et réduite à

10 pouces de diamètre, fut présentée à Louis XV, à Fontainebleau, par l'intermédiaire de M. de Sartines et de M. le duc de la Vrillière. Antide Janvier, qui avait vu Paris pour la première fois, et qui aussi pour la première fois voyait la cour, eut, à cette présentation mémorable, la redoutable imprudence de donner un démenti énergique au vieux duc-maréchal de Richelieu, premier gentilhomme de la chambre du roi. Le courtisan offensé obtint sans peine l'ordre d'enfermer à la Bastille l'artiste téméraire ; mais M. de Sartines, lieutenant général de la police, prit sur lui de ne point exécuter cet ordre, et fit quitter Paris au jeune imprudent, en lui donnant, toutefois, un délai de quinze jours pour visiter les curiosités de la capitale.

Janvier, dégoûté de la cour et des courtisans, alla se fixer à Verdun, où il trouva dans l'évêque de ce diocèse un protecteur éclairé.

Après quelques années de séjour à Verdun, Janvier revint à Paris pour s'y procurer des objets d'horlogerie et pour y faire dorer deux petites sphères mouvantes réduites à 4 pouces de diamètre. Le hasard porta cette machine à la connaissance de M. Lalande, professeur d'astronomie au Collége de France. Le savant astronome voulut voir l'artiste. Il lui témoigna son étonnement sur la composition de ces deux petits ouvrages, et l'adressa, avec une lettre pleine d'éloges, à M. de la Ferté, intendant général des Menus-Plaisirs, qui le fit présenter au roi par M. de Fleury, premier gentilhomme de la chambre. Louis XVI, qui aimait passionnément l'horlogerie, ordonna l'acquisition des deux sphères, et elles furent placées immédiatement sur le secrétaire de sa petite bibliothèque, à Versailles.

Le caractère décidé et l'agreste franchise de l'artiste avaient plu au roi. Dix jours s'étaient à peine écoulés depuis la présentation et l'acquisition des machines, que Janvier fut attaché au service du monarque et reçut l'ordre de se rendre à Paris. Il se défendit longtemps, mais il céda enfin aux instances de Lalande, et le 5 octobre 1784 il fut logé aux Menus-Plaisirs.

Quatre années s'écoulèrent pendant lesquelles il composa plusieurs pendules curieuses, notamment une horloge planétaire, la plus complète qui eût encore paru et que l'Académie des sciences honora de ses suffrages. Ce travail fit sensation à Paris dans le monde savant ; il fut présenté au roi le 29 avril 1789, et, après un entretien de trois quarts d'heure avec l'artiste, Louis XVI ordonna l'acquisition de cette horloge, qu'il fit placer immédiatement au milieu de sa petite bibliothèque, à côté des deux petites sphères mouvantes du même auteur.

24

Déjà, le 14 février de cette même année 1789, le célèbre Lalande avait fait à l'Académie des sciences un rapport relatif à une erreur commise par les astronomes, et relevée par Janvier, qui lui avait démontré l'inexactitude des calculs sur les révolutions lunaires et en avait précisé la différence. Ce fait seul aurait suffi pour le placer à la hauteur des savants les plus distingués du XVIII⁰ siècle; mais la machine dont nous venons de parler valut à son auteur, alors âgé de trente-huit ans, une réputation que l'on qualifia justement d'européenne.

Janvier n'était pas seulement un artiste spécial distingué; c'était un artiste et un connaisseur en toutes choses. On le voyait souvent chez les marchands de curiosités; il fréquentait les ventes publiques, et parfois il y fit de bonnes acquisitions. Je l'ai beaucoup connu dans les dernières années de sa vie; j'étais jeune alors et je me plaisais à lui demander des conseils dont je profitais le plus possible; d'ailleurs, sa conversation était agréable, instructive, notamment touchant les beaux-arts et l'archéologie qui était sa passion dominante après celle de l'horlogerie. C'est lui, je dois le dire, qui m'a donné les premières notions sur la *curiosité*. Je n'oublierai jamais avec quel enthousiasme il me parlait des émailleurs de Limoges, de Bernard Palissy, de Pierre Lescot, de Jean Goujon et de tous les autres grands artistes de la renaissance. Il connaissait presque tous les noms des architectes, des sculpteurs, des imagiers, des peintres-verriers, des orfèvres, des bijoutiers, des graveurs, des calligraphes, des enlumineurs, etc., du *moyen âge* et du siècle des Valois. Il passait des jours entiers au Louvre, devant les tableaux des maîtres qui se sont succédé en Europe depuis Cimabué jusqu'à Lebrun. « J'aurais, disait-il souvent, donné dix ans de ma vie pour pouvoir aller admirer à Rome, ne fussent que pendant une semaine, les immenses travaux de Michel-Ange, l'architecture colossale de Saint-Pierre et les ruines gigantesques de la ville des Césars... Vois-tu, mon ami, tous les arts se tiennent et se servent mutuellement. Ainsi, par exemple, l'homme qui n'est qu'horloger, fût-il le plus grand mécanicien du monde, n'est jamais qu'un artiste médiocre. On ne fait pas que de la mécanique dans une pendule ou dans une horloge, il faut faire aussi l'enveloppe de la machine, et celle-ci doit être d'abord belle dans sa forme, et belle et charmante dans tous les détails de son ornementation; les proportions du mouvement, petit ou grand, doivent être exactes et d'une même époque, et l'on ne peut réussir en cela que si l'on connaît suffisamment l'architecture, la statuaire et l'art si compliqué et si difficile de l'ornementation : le sentiment du beau et du vrai est surtout indispensable.

« Dans ma jeunesse, sous Louis XV et même sous Louis XVI, on faisait encore quelques pendules de bon goût; elles étaient sans doute d'un style tourmenté, souvent baroque, mais, en général, leurs formes et les ornements dont elles étaient revêtues plaisaient à l'œil et satisfaisaient l'esprit et l'imagination. Hélas! que voyons-nous depuis le commencement de ce siècle, chez nos bronziers, chez nos horlogers en renom? Des machines grossières aux formes lourdes et disgracieuses, des figures guindées, mal assises ou *mal debout*, des ornements hétérogènes et grimaçants, des ciselures ou des gravures où l'art n'entre pour rien. Et cependant, chose singulière! nos bronziers, nos horlogers modernes croient imiter l'art antique par cela seul qu'ils font des Grecs et des Romains, ou du moins des figures portant le costume traditionnel des guerriers, des législateurs ou des simples citoyens d'Athènes ou de Rome. »

Ce grand artiste avait raison; les pendules du temps de l'empire et de la restauration des Bourbons, sont détestables. Nous en exceptons cependant celles de Janvier qui, pour la plupart, sont charmantes, soit par leur élégante simplicité, soit pour le bon goût des ornements. Il en est resté un assez grand nombre et on les estime avec raison, notamment celles où l'artiste a su mêler aux cuivres ciselés et dorés, divers sujets peints sur porcelaine de Sèvres par les artistes spéciaux de la célèbre manufacture.

Pendant les orages de la révolution, Janvier fut encore utile aux sciences et aux arts, tout en servant la patrie, pour laquelle il eut constamment un amour sincère et éclairé. Chargé de diverses missions, soit pour la fabrication des armes, soit pour l'établissement des lignes télégraphiques, soit enfin comme membre de la commission temporaire des arts, adjoint au comité d'instruction publique, il remplit ces diverses missions avec l'intelligence supérieure qui le distinguait, l'activité et le courage dont son âme énergique était douée.

En 1800, Janvier, qui avait repris ses études et ses travaux habituels, soumit à la classe des sciences de l'Institut une sphère mouvante qui fut l'objet d'un rapport de M. Delambre, rapport où l'on accorde à l'artiste des éloges mérités et des encouragements flatteurs.

En 1802, il présenta à l'exposition des produits de l'insdustrie française une autre sphère mouvante qui lui valut une médaille d'or, mais qui ne put être jugée par l'Institut, parce que la description de cette machine se trouvait consignée dans l'Histoire de la mesure du temps, publiée par Ferdinand

Berthoud. (Nous avons nous-même donné la description de cette machine à l'article *Horloges astronomiques* de notre Histoire de l'horlogerie.)

A l'exposition de 1806, Janvier offrit une horloge avec le système d'équation du temps par les causes qui la produisent. Cette pièce, construite exprès pour servir de modèle à des pendules à équation, mais d'un genre absolument neuf, fut particulièrement mentionnée dans le rapport du jury qui contient, pour l'auteur, un nouvel hommage rendu à son talent.

En 1810, il publia les *Étrennes chronométriques*, sur un plan plus étendu que celui qu'avait conçu Pierre Le Roy, en 1760. Ce livre, quoique rempli d'excellentes choses, n'eut point le succès que l'auteur s'en promettait; il fut confondu, à cause de son titre, avec cette foule d'almanachs qui paraissent à la fin de chaque année. Ce qui prouve que ce titre nuisit à la publication, c'est que ce même livre réimprimé, en 1815 et 1821, avec quelques additions peu importantes, mais sous le titre plus convenable de *Manuel chronométrique*, etc., fut beaucoup mieux accueilli par le public.

Janvier publia successivement l'*Essai sur les horloges publiques à l'usage des communes rurales*, 1 vol. in-8; les *Révolutions des corps célestes par le mécanisme des rouages*, 1 vol. in-4; le *Précis des calendriers civil et ecclésiastique*, 1 vol. in-12, et le Recueil des machines qu'il avait composées et exécutées dans sa jeunesse.

L'exposition de 1823 fut la dernière dans laquelle Janvier montra sa supériorité. Il présenta trois pendules, dont une à équation particulièrement remarquable par une grande simplicité de construction. Voici à ce sujet le texte même du rapport du jury : « En reconnaissant qu'il est de plus en plus digne de cette récompense (la médaille d'or), le jury croirait ne lui avoir rendu justice qu'à moitié, s'il n'ajoutait pas que, par son influence et par ses conseils désintéressés, M. Janvier rend journellement des services signalés à ses jeunes émules. Personne n'est plus érudit que lui; en traduisant les ouvrages des plus grands maîtres, il a fourni aux horlogers peu versés dans la connaissance des langues anciennes les moyens d'étudier ces ouvrages; il calcule la denture des rouages pour tous ceux à qui les mathématiques ne sont pas familières; il est le conseil et l'appui de tous les jeunes artistes doués de quelque talent, et, ce qui n'est pas moins utile, leur censeur le plus sévère quand ils s'égarent. Le jury pense que personne n'a plus contribué à porter l'horlogerie française à l'état de prospérité où elle est actuellement parvenue. » (Rapport du jury en 1823, p. 343.)

Telle fut la vie de Janvier, et ceux qui ne connaissent pas les dernières années qui précédèrent sa mort, n'apprendront pas sans étonnement, ou plutôt sans douleur, que cet homme, le plus savant de tous les horlogers qui se sont succédé en France, et probablement en Europe, depuis deux cents ans, est mort dans la misère, dans le plus complet dénûment. Il était obligé pour vivre, pourquoi ne le dirions-nous pas? de demander en quelque sorte l'aumône à ses amis, à ses confrères. Nous savons bien que Janvier avait des défauts essentiels; il était sans ordre, il ne connaissait pas le prix de l'argent, il le dépensait follement, sans se préoccuper de l'avenir, etc. ; mais ces défauts ne nuisaient qu'à lui-même et ne lui ôtaient pas une parcelle de son immense talent, et ce talent, qui était universellement reconnu, n'aurait-il pas dû, par exemple, lui ouvrir les portes de l'Académie des sciences, qui se sont ouvertes si souvent pour des hommes qui ne possédaient aucune science positive?

Un fauteuil académique, et il l'avait si bien mérité! lui aurait du moins assuré du pain pour ses vieux jours, et nous ne serions pas obligé de dire aujourd'hui que, dans un pays comme le nôtre, en plein XIXe siècle, Antide Janvier, l'ami, l'égal de Lalande, le rival de Ferdinand Berthoud, l'homme enfin qui fut, sinon plus habile, du moins plus savant que Breguet, fut obligé de tendre la main.... après avoir travaillé pendant soixante ans pour la gloire et la prospérité de l'horlogerie nationale.

Hélas! il est bien vrai que pour devenir membre d'une des classes de l'Institut, il ne suffit pas d'être doué d'un talent supérieur; il faut avant tout avoir une position dans le monde, quelque chose comme une maison à la campagne, un beau salon à la ville, et surtout une grande salle à manger.

Antide Janvier mourut le 23 septembre 1835, vers sept heures du matin; il avait conservé ses facultés intellectuelles jusqu'à son dernier moment, et il envisagea ce moment suprême avec le calme, avec la fermeté d'un homme digne de la haute intelligence qui l'avait rendu supérieur à la plupart des autres hommes de son temps.

LES HORLOGES DE LOUIS XVI

On sait que le roi Louis XVI avait un goût très-prononcé pour la mécanique en général, et pour l'horlogerie en particulier.

Du vivant de son aïeul Louis XV, il possédait plusieurs petites horloges qu'il ne se lassait pas de regarder. Il en étudiait attentivement les effets, suivait la marche des rouages, et s'extasiait sur la parfaite harmonie qu'il voyait régner dans l'ensemble de l'œuvre.

Lorsqu'une sonnerie venait à se déranger, il savait fort bien la remettre d'accord avec les heures. Il réussissait aussi très-souvent à trouver la cause d'un arrêt périodique ou accidentel dans les organes d'une horloge ou d'une pendule, et c'était une grande joie pour lui lorsque, prenant par le bras son précepteur, M. de La Vauguyon, il l'entraînait dans son cabinet, où il lui prouvait mathématiquement que l'horloge ne fonctionnait plus parce que tel engrenage était trop faible ou trop fort, ou parce que tel levier de l'échappement était trop court ou trop long.

M. de La Vauguyon n'avait garde de contredire son royal élève, qui devait un jour monter sur le trône et dispenser les faveurs souveraines; il le complimentait sur ses progrès scientifiques et sur sa merveilleuse perspicacité : « Je vois bien maintenant comme vous, lui disait-il, pourquoi cette horloge s'arrête. » La vérité est que le bon précepteur ne voyait absolument rien. Cependant le dauphin triomphait; on se le disait parmi les courtisans, Mesdames de France en étaient informées. On appelait alors l'horloger ordinaire qui, examinant à son tour l'horloge, prouvait quelquefois à Monseigneur qu'il s'était parfaitement trompé; mais comme cet horloger, à l'époque dont il s'agit, n'était rien moins que le jeune Caron, qui plus tard se nomma de Beaumarchais, celui-ci savait fort bien adoucir, par ses paroles et par d'adroits compliments, ce que sa dénégation formelle avait par elle-même de désobligeant.

« Monseigneur, lui disait-il, vos connaissances supérieures dans les sciences exactes vous mettent bien au-dessus de nous tous, pauvres horlogers de Paris; mais si vous possédez au suprême degré la théorie proprement dite, vous ne connaissez pas encore, permettez-moi de vous le dire, toutes les difficultés de la pratique; vous les connaîtrez quand vous le voudrez, car rien ne vous est impossible : jusque-là, en ce qui concerne les choses du métier, peut-être aurons-nous quelque légère supériorité sur vous. » Le jeune prince, un peu confus, sentait bien que l'artiste avait dit vrai; mais comme il était doué d'un excellent caractère et d'une raison au-dessus de son âge, il reprenait bientôt sa sérénité habituelle, et profitant de la présence du praticien, il se faisait donner une leçon d'horlogerie dont il savait très-bien profiter.

« M. Caron, lui disait-il, vous êtes un homme fort habile, car c'est vous qui avez fait, pour ma bonne amie, Mme de Pompadour, cette jolie bague dans laquelle est enchâssé un mouvement de montre. Mon Dieu, quelle patience il vous a fallu pour confectionner tous ces petits rouages qui fonctionnent avec tant de régularité dans leur enveloppe d'or parsemée de diamants! On dit qu'il y a dans ce mécanisme deux nouveaux organes de votre invention. Ce sont, je crois, un échappement fort ingénieux, et une roue supplémentaire avec laquelle on remonte la montre sans avoir besoin de se servir d'une clé. Mme de Pompadour est fière de ce bijou, et à sa place j'en serais fier comme elle. Mais, dites donc, mon cher maître, est-ce que vous ne pourriez pas me faire une pareille montre? Je vous la paierais bien, car je ne suis pas dépensier et je fais des économies. Voyons, le voulez-vous? Nous n'en dirons rien à personne, et on sera bien étonné quand on me la verra : je la montrerai à ma tante, la princesse Victoire, pour laquelle vous avez fait une petite pendule charmante.

« Je sais, M. Caron, que cette bonne princesse vous estime fort, car elle a souvent dit en ma présence que vous étiez un grand artiste et un homme de beaucoup d'esprit. » Caron n'avait garde de se rendre aux désirs du jeune prince : le futur auteur du *Barbier de Séville* et du *Mariage de Figaro* songeait alors à abandonner l'horlogerie pour se livrer exclusivement à la littérature dramatique, pour laquelle il se sentait une vocation irrésistible.

Dès l'âge de quinze ans, le dauphin s'était fait monter dans ses appartements, à Versailles, un charmant atelier dans lequel il travaillait alternativement à la serrurerie et à l'horlogerie. Plusieurs de ces historiens disent qu'il savait fort bien raccommoder des serrures et démonter et remonter des pendules et des horloges passablement compliquées. Ces récréations manuelles n'avaient rien que de respectable, même dans un futur roi de France, et surtout pendant le règne de Louis XV où les mœurs étaient corrompues, où la licence coulait à pleins bords, et où il eût été si facile au jeune Louis de France, se laissant aller aux funestes exemples qu'il avait sous les yeux, de se livrer aux joies mondaines et surtout aux sirènes impures, mais souverainement belles, qui chaque jour le provoquaient. Mais non ; le petit-fils de Louis XV, qui peut-être déjà pressentait l'orage dont le ciel de l'avenir était chargé, priait, étudiait et travaillait.

Après son mariage, le dauphin, qui habitait le château de Trianon, continua d'occuper ses loisirs à des travaux ayant rapport à la mécanique horlogère, et il ne les quitta tout à fait que quand il fut roi de France ; mais alors il encouragea les artistes, et il ne laissa jamais échapper l'occasion d'acheter les instruments horaires ou chronométriques d'une distinction incontestable, et il eut bientôt à Trianon une collection des plus belles pièces d'horlogerie de Ferdinand Berthoud, de d'Authiau, de Le Paute, de Robin, de Lepine et de Janvier.

C'était dans cette résidence, entouré d'horloges de toute espèce, et de livres scientifiques, que Louis XVI passait les plus heureux instants de sa vie.

On était alors en 89 ; la fermentation était grande dans les esprits ; le serment du Jeu de Paume avait eu lieu, et la royauté elle-même était gravement compromise. Le roi, dont la conscience était pure et les intentions excellentes, voyait avec chagrin, mais non sans fermeté, les événements qui se préparaient, et il espérait bien que son trône, sur lequel planait encore la grande ombre de Louis XIV, resterait à l'abri des outrages. Il se trompait.

En 91, Janvier acheva une horloge dite géographique, d'une construction originale : elle ne portait aucune aiguille et, représentant une carte de France d'une projection particulière, sur laquelle l'échelle des longitudes était divisée en minutes de temps, elle présentait successivement toutes ses subdivisions aux méridiens qu'elle rencontrait, et par cette disposition on voyait à la fois l'heure qu'il était dans tous les départements. Louis XVI ne tarda pas à faire l'acquisition de cette curieuse machine, et il en parla à la reine, qui, ayant manifesté le désir de la voir, fut conduite par M. de

Brézé près de l'artiste ; celui-ci s'empressa de lui expliquer son ouvrage. La princesse écouta avec attention, puis demanda comment on voyait l'heure.

Janvier lui fit d'abord remarquer la place qu'occupait la ville de Paris sur la carte, et observer ensuite que le méridien qui la traversait descendait sur l'échelle des longitudes mobiles à la minute actuelle. « Supposons, maintenant, dit-il, madame, que vous voulez connaître l'heure qu'il est dans une autre ville, à Metz, par exemple... » A ce mot, la reine, qui était baissée pour voir de plus près le cadran géographique, se relève vivement, fait un pas en arrière en lançant un regard foudroyant sur l'artiste, et se retire suivie de M. le marquis de Brézé. Janvier reste interdit, mais au même moment il se rappelle le voyage de Metz, où le roi devait se retirer en fuyant de Versailles, voyage dont le projet n'avait pu être mis à exécution, et il ne douta pas que la reine n'eût pris l'indication faite au hasard de la ville de Metz pour une allusion blessante.

Louis XVI, informé de ce qui venait de se passer, conçut les mêmes soupçons que la reine, et ne voulut plus revoir le savant artiste. Cependant, il l'avait admis fréquemment dans son intimité, et il avait passé plus d'une fois avec lui une partie des nuits à observer les satellites de Jupiter, à l'aide d'une forte lunette astronomique placée au palais des Tuileries, dans un petit observatoire que le roi avait fait construire et disposer pour cet objet.

Plusieurs des pendules qui ont appartenu à Louis XVI se voient encore aujourd'hui dans les appartements de Trianon et dans ceux du palais de Versailles : la plus compliquée de ces pendules est la sphère mouvante de Passament, exécutée avec beaucoup de talent par l'horloger d'Authiau. Cette pendule astronomique fut admirée avec raison à l'époque où elle fut faite ; mais, depuis lors, plusieurs autres sphères mouvantes ont été construites, notamment par Janvier, dans des conditions d'exactitude et de régularité beaucoup meilleures.

BIBLIOGRAPHIE

LISTE DES PRINCIPAUX OUVRAGES QUI TRAITENT DE L'ART
DE MESURER LE TEMPS

Cette bibliographie est la plus complète qui existe. Je l'ai divisée en trois parties. La première contient les noms des savants qui ont écrit sur les horloges solaires, la seconde ceux qui ont traité des clepsydres et des sabliers, la troisième mentionne les auteurs qui ont fait des ouvrages sur l'horlogerie proprement dite. Tous ces ouvrages peuvent être consultés soit dans les bibliothèques publiques de Paris, soit dans celles de l'étranger.

HORLOGES SOLAIRES

Vitruve. Livre IX de son traité d'Architecture.

Sebastiani Munsteri. Horolographia. *Basileæ. Henric-Petri*, 1532 et 1533, in-4.

Horologion, Græce, *Venetiis*, 1535, 1620, in-8.

Joannis Driandri Annulus vulgaris Horarius, cujus usus ad certam regionem instituitur. *Mapurgi, Cervicornus*, 1537, in-4.

Joannes Dryander de Usu instrumenti nocturnalis pro captandis horis, etc. *Mapurgi*, 1538, in-4.

Joannes Dryander de Horologiorum Solarium varia compositione. *Mapurgi, Egenolphus*, 1543, in-4.

Conradi Gesneri Pandectæ. *Tiguri Christoph. Froschonerus*, 1548, in-folio.

Horologium Hierosolymitarum; Græcè. *Venetiis.*

Andr. Schoneri Gnomonicæ. *Norimbergæ*, 1562 , in-folio.

Frid. Commandinus , de Horologiorum descriptione, *Venetiis . Aldus*, 1562 , in-4.

Elie Vinet. Manière de faire les solaires ou cadrans. *Poitiers*, 1564 , in-4.

Dialogo de gli Horolgi Solari, da Giov. Batt. Vimercato, *Vineyia*, *Giolito*, 1566, in-4.

Cl. Ptolomæus de Analemmate , a Frederiço Commandino instauratus. Ejusdem Horologiorum descriptio. *Romæ*, 1572 , in-4.

Joan. Bapt. Benedictus de Gnomonum, umbrarumque Solarium usu. *Aug. Taurini*, 1574 , in-folio.

Christophori Clavii Gnomonices de Horologiis. *Romæ*, 1581 et 1587, in-folio.

Hermanni Vitekindi conformatio Horologiorum Sciotericorum in superficiebus planis utcumque sitis, 1576, in-4.

D. Theodosii Rubei Diarium universale pro dignoscendis horis ubique. *Romæ*, 1581, in-folio.

Joan. Paduani liber de compositione et usu Horologiorum Solarium ad omnes regiones. *Venetiis, Franciscius*, 1582, in-4.

Della Fabrica et uso del nuovo Horologio universale ad ogni latitudine da Giov. Paolo Galluci. *Venetia, Perchacino*, 1590, in-4.

Joan. Paulus Gallucius de Fabrica et usu novi Horologii solaris, lunaris, sideralis in parva pixide. *Venetiis*, 1592, in-4.

Levini Hulsii Descriptio usus viatorii Horologii solaris. *Norimbergæ*, 1597.

Sandolini Thaumalemma Cherubinum catholicum, continens instrumenta ad horas Italicas, Gallicas, etc., dignoscendas, et ad Horologia componenda, *Venetiis*, 1598, in-folio.

D. Valentino Pini Fabrica degli Horologi Solari. *Venetia*, 1598, in-folio.

Fr. Cherubini Sandelini Nova Horologiorum inventio. *Venetiis, Mielle*, 1599 et 1600 in-folio.

Christ. Clavii Horologium nova descriptio. *Romæ, Zanettus*, 1599, in-4.

Christ. Clavii Gnomonices libri quibus non solum Horologiorum Solarium, sed et aliarum quoque rerum quæ ex gnomonis umbra cognosci possunt, descriptiones Geometricè demonstrantur. *Romæ*, 1602, in-folio.

Joannis Voëllii De Horologiis sciotericis, libri III. *Turnoni Soubron*, 1608, in-4.

Georgii Draudii Bibliotheca classica. *Francofurti*, 1611, in-4.

Cet auteur dans la classe des philosophes, sciences et arts, au mot *Horologia*, rapporte plusieurs livres de Gnomonique.

Joannis Georgii Schonbergeri Exegesis fundamentorum Gnomonicorum. *Ingolstaldi*, 1615, in-4.

Hippolyti Salodii Tabulæ Gnomonicæ cum earum dilucidatione et fabrica. *Bixiæ, Bizardus*, 1617, in-4.

De gli Horivoli a sole da Julia Fuligati. *Ferrara, Baldini*, 1617, in-4.

Traité d'Horologeographie ou construction des horloges solaires, par Pierre de Foutrière. *Paris*, 1619 et 1638, in-8.

Theatrum instrumentorum seu Sciographia Michaelis Prætorii, 1620, in-4.

Georgii Schonbergeri Demonstratio et constructio Horologiorum novorum. *Friburgi-Brisgoiæ Strasserus*, 1622, in-4.

Armonia Astronomica et Geometrica di Teofilo Bruni dove s'insegna la ragione di tutti gli Horologi. *Venetia Varischi*, 1622, in-4.   ·

Les Usages du Quadrant à l'Aiguille aymantée, par Tarde. Paris, 1623, in-4.

Traité des Horloges solaires, par Salomon de Caus. Paris, 1624, in-folio.

De gli Horivoli a sole opera di P. Giulio Fuligatti Ferrara, 1627, in-4.

Joannis Sarazini Horographum catholicum seu universale. *Parisiis Cramoisy*, 1630, in-4.

Le nouveau Sciataire pour fabriquer toutes sortes d'horloges solaires sans centre, et pour trouver sur mer le Méridien et la hauteur du Pôle, par Jacques Duduit. *Blois*, 1631, in-8.

Joan. Bapt. Troltæ Praxis Horologiorum. *Neapoli, Longhus*, 1631, in-4.

La construction, l'usage et les propriétés du Cadran nouveau de mathématique, par Vernier. *Bruxelles*, 1631, in-8.

Athanasii Kircheri Primitiæ Gnomoniæ. *Avenione*, 1635, in-4.

Traité d'Horlogiographie contenant plusieurs manières de faire toute sorte de cadrans, par le P. de Sainte Marie Magdelaine, avec des figures. *Paris*, 1641, 1645, 1657, 1665, in-8.

Manière universelle du sieur Desargues pour poser l'essieu et placer les heures et autres choses aux cadrans solaires, par Abraham Bosse. *Paris, Deshayes*, 1643, in-8.

Traité de l'origine, démonstration, construction et usage du cadran Analemmatique, par Vaulezard. *Paris, Le Brun*, 1644, in-8.

Manière de décrire un cadran par deux points d'ombre pris à volonté, par le sieur R. A. A. *Paris, Le Brun*, 1644.

L'Horolographie curieuse pour faire toute sorte d'Horloges et de Cadrans, par Pierre Bobynet Jesuite. *La Flèche*, 1644, et *Paris*, 1688, in-8.

Ath. Kircheri, Ars magna lucis et umbræ. *Romæ*, 1646, in-folio.

L'Horolographie curieuse et ingénieuse, contenant des connaissances et des curiosités agréables dans la composition des cadrans ; avec la Longimétrie ou la Géodésie nouvelle, pour mesurer, toiser et arpenter, etc., par Bobynet. *Paris, Dupuis*, 1647 et 1663, in-8.

Emmanuelis Maignan Perspectiva Horaria ; sive de Horographia Gnomonica, Theorica et Pratica, libri IV. *Romæ, Rubens*, 1648, in-folio.

Orologi riflessi del Giuseppe Taliani. *Macerata*, 1648, in-4.

Principe curieux pour faire toute sorte de cadrans solaires, par le P. Pierre de Heaulme. *Paris*, 1654, in-8.

Modèle familier pour la construction de tous les cadrans solaires. *Paris*, 1655, in-8.

Le cadran des cadrans universel et commode pour trouver partout les heures du jour et de la nuit, par Pierre Bobynet. *Paris, Henault*, 1654, in-8.

Le cadran des doigts pour les voyageurs et pour les curieux, par Pierre Bobynet. *Orléans, Borde*, 1662, in-8.

Retta linea Gnomonica, di Giuseppe Maria Figatelli. *Forli*, 1667, in-4.

Prattica Gnomonica overo tavole per far de gli Horologi da sole, scritta da Angelo Maria Colombi. *Bologna*, 1669, in-4.

The Art of Dialling performed geometrically by scale and compasses, arithmetically by the canons of Sines and Tangents, instrumentaly by a trigonal instrument, accommodated with lines to that purpose : the geometrical part wereof is performed by projecting of the sphere in plano upon the Plain itself, whereby not onely the making, but the reason also of Dials is discovered ; by William Leybourn Philomath. *London*, 1669, in-4.

Traité de Gnomonique pour la construction des cadrans sur toutes sortes de plans, par Ozanam. *Paris*, 1673, in-12.

Explicatio Horologii in Horto Regio Londini erecti, anno 1669, per Franciscum Hallum. *Leodii*, 1673, in-4.

Nouvelle méthode pour apprendre à tracer facilement les cadrans solaires sur toutes sortes de surfaces planes ; avec quelques autres observations, par M. C... *Paris, Michallet*, 1679, in-12.

La Gnomonique ou l'art de tracer les cadrans, avec les démonstrations, par M. de la Hire. *Paris, Moette,* 1682, in-12.

The art of Dyalling, by Joseph Blagrave. *London,* 1682, in-12.

Méthode générale pour tracer les cadrans, par Ozanam. *Paris,* 1685, in-12.

Bartol. Scanavacca dell' Inventione per designare Horologi Solari, con le Tavole. *Padoua,* 1688, in-4.

L'Horlographie curieuse pour faire toute sorte d'Horloges et cadrans, par le P. Bobynet Jesuite. *Paris, Jombert,* 1688, in-8.

Dans la Connaissance des temps pour l'année 1689, on trouve une méthode pour la construction de toute sorte de cadrans.

La Gnomonique ou l'art de tracer les cadrans par deux méthodes différentes, par N. P. *Paris,* 1690, in-12.

Deux machines propres à faire les cadrans, expliquées par Ignace Gaston Pardies, 3ᵉ édition. *Paris, Delaulne,* 1690, in-12.

Récréations mathématiques, par Ozanam, voyez t. Iᵉʳ; Problèmes de Gnomonique. *Paris, Jombert,* 1694, in-8.

La Gnomonique ou Méthode universelle pour tracer des horloges solaires ou cadrans, par M. de la Hire. *Paris, Moette,* 1698, in-12.

La Gnomonique universelle ou science de tracer les cadrans solaires, par Richer. *Paris, Jombert,* 1701, in-8.

La construction et usage des instruments de mathématique, 2ᵉ édition, par Bion. *Paris, Boudot,* 1716, in-8.

Règle Horaire universelle pour tracer des cadrans solaires, par Haye. *Paris, Vincent,* 1716, in-4.

P. Bernardi Gruber, Horographia Trigonometrica, seu Methodus accuratissima arithmeticè per Sinus et Tangentes Horologia quævis solaria in plano stabili qualitercumque situato, etiam declinante et simul inclinato, facili negocio describendi et quædam alia quæ vialia dicuntur, etc. Cum suis fundamentis et rationibus, in gratiam aliorum exhibita. *Vetero-Pragæ,* 1718, in-8.

R. P. F. Benedicti Maria Castronii Horographia universalis seu sciotericorum omnium planorum tum horizontalium, tum verticalium, tum inclinatorum, tum portatilium, Gnomonicè nova methodo describendorum, pro quovis horologio, sive astronomico, sive Italico, sive Babylonico, sive Judaïca, uniformis atque universalis Doctrina, sola Triangulorum analysi breviter exposita, atque in tres digesta libros, ubi concinnè præcedunt Isagogica nonnulla Mathematum ex Geometricis, Trigonometricis, Geodeticis, Cosmographicis, et Astronomicis selecta satis ampla, quibus tandem, occasione nacta, triplex accessit appendix, de Nautica scientia, de Militari Architectura, ac de Temporum Janua. *Panormi*, 1728, in-folio.

Traité général des horloges par Dom Jacques Allexandre. *Paris*, 1734. Cet auteur traite des horloges solaires dans le premier chapitre de son livre.

DES HORLOGES D'EAU ET DE SABLE

Vitruve traite des Horloges d'eau dans le chapitre neuvième de son neuvième livre de l'Architecture.

Pline, livre VII, chapitre LX, dit que Scipion Nasica fut le premier à Rome qui marqua les heures par les horloges d'eau.

Gesnerus dans ses Pandectes, p. 91, donne plusieurs notions des Clepsydres ou Horloges d'eau. 1548, in-folio.

Les Raisons des forces mouvantes, etc., par Salomon de Caus. *Francfort, Jean Northon*, 1615, in folio.

Dans le livre premier, problème septième, Salomon de Caus indique le moyen de faire une horloge d'eau avec le cours d'une fontaine naturelle.

Le problème huitième donne une autre manière de faire une horloge d'eau.

Récréations mathématiques, par M. Ozanam. *Paris, Jombert*, 1694, 2 volumes in-8.

Dans le second volume de cet ouvrage, page 56, l'auteur donne la construction d'une horloge consistant en un vase d'où l'eau s'écoule; page 60, il donne la manière de construire une horloge d'eau avec un tambour divisé en plusieurs cellules et qui peut marquer vingt-quatre heures de suite.

Nova scienza di Horlogi a Polvere, di Arcangelo Maria Radi. *Roma*, 1655, in-4.

L'auteur enseigne dans ce traité la manière de faire deux sortes d'horloges à sable; l'une avec un tambour dans lequel le sable est renfermé et qui ne parait pas; l'autre avec une roue au travers de laquelle on voit le mouvement du sable.

Gasparis Schotti Technica curiosa. *Herbiboli, Hertz*, 1664, in-4.

Dans le livre IX, intitulé : *Mirabilia chrometrica expedita*, l'auteur traite des clepsydres ou horloges à sable.

Remarques et expériences physiques sur la construction d'une nouvelle Clepsydre exempte des défauts des autres, par Amontons de l'Académie des sciences. *Paris*, 1695, in-12.

Traité de la construction des instruments de Mathématique, par M. Bion. *Paris, Boudot,* 1716.

Dans le chapitre vii du huitième livre de cet ouvrage, on donne la construction d'une horloge d'eau.

Traité général des Horloges, par Dom Jacques Allexandre, religieux bénédictin de la congrégation de Saint-Maur.

Dans le chapitre ii de cet ouvrage l'auteur traite des horloges d'eau.

DES HORLOGES A ROUES, POIDS ET RESSORTS

Richardus Walingfort Anglus Abbas Saint-Albani, artis excellentis miraculo Horologii fabricam compegit, qualem non habet tota Europa secundum. Claruit anno 1326.

Ex Epitome Conrardi Gesneri, p. 604.

Moreri. Voy. le mot *Horloge du Palais.*

Histoire et chronique de Jean Froissart. *Paris*, 1574, in-folio. Voy. second volume, chapitre cxxviii.

Guillaume Paradin. Voy. ses Annales de Bourgogne. *A Lyon*, 1566, in-folio.

Hieronymi Cardani de Varietate Rerum, libri XVII. *Basileæ. Henric-Petri*, 1557, in-folio.

Cet auteur emploie le chapitre xlvii à expliquer les proportions des mouvements. Dans la page 362, il donne la différence qu'il y a entre un mouvement véloce et un mouvement fort et vigoureux.

Page 363, il enseigne le moyen de faire un mouvement artificiel, égal en vélocité au mouvement des cieux.

Page 364, il fournit un moyen général d'augmenter ou de diminuer la vitesse des mouvements.

Page 365, il offre la figure des roues et pignons et les nombres des dents pour faire une horloge.

Page 367, il établit des règles pour la construction des horloges, etc.

26

Conrandi Dasipodii Descriptio Horologii astronomici Argentinensis, in Summo Templi erect. *Argentorati Wiriot*, 1578-1580, in-4.

Cette horloge, de l'invention de Dasypode, est décrite dans ce volume.

Guidonis Pancirolli antiqua deperdita, et nova reperta. *Ambergæ Forsterus*, 1607, in-8.

Pancirolle emploie le titre x de son livre à entretenir les lecteurs des horloges mécaniques.

L'usage du Cadran ou de l'Horloge physique universel, par Galilée, mathématicien du duc de Florence. *Paris, Rocollet*, 1639, in-8.

C'est dans ce traité que Galilée a donné les premières idées du pendule qui, dans la suite, a été si heureusement appliqué aux horloges à roues.

Dans l'avis, qui est en tête de cet ouvrage, Galilée fait observer qu'au moyen d'un pendule on peut connaître, par exemple, la hauteur de la voûte d'une église, sans la mesurer autrement que par le mouvement des lampes suspendues à cette voûte. Car, dit-il, ayant entre les mains un fil et un plomb long d'un pied, et observant que ce fil fait cinq vibrations contre une vibration de la lampe, la distance de la voûte à la lampe est de vingt-cinq pieds. Si une vibration de la lampe est égale à dix vibrations du pendule d'un pied, la hauteur sera cent pieds, qui est le carré des vibrations de ce pendule.

L'auteur, dans les quinze premiers chapitres de son livre, fait connaître successivement toutes les propriétés du pendule et les services qu'il peut rendre aux sciences positives, à l'astronomie, à la physique, à la géométrie, à la navigation, etc.

Benedicti Haëfteni Monasticæ Disquisitiones. *Antuerpiæ, Bellerus*, 1644, in-folio.

Dans la première disquisition du troisième traité du septième livre, Haëften nous apprend que les horloges ont été inventées par Sylvestre II (Gerbert), moine de l'ordre de Saint-Benoît, l'an 998. Ditmarus et Bozius sont du même avis.

Horloge magnétique, elliptique ou ovale nouveau, pour trouver les heures du jour et de la nuit, par Pierre Georges. *Toul*, 1660, in-8.

P. Gasparis Schotti soc. Jesu Thecnica curiosa seu Mirabilia artis. *Herbipoli, Hertz*, 1664, in-4.

Joan Bap. Van Helmont Ortus Medicinæ : editio iv. *Lugduni, Huguetan*, 1667, in-folio.

Christinii Hugenii Zulichemii Horologium oscillatorium ; sive de motu Pendulorum ad Horologia adaptato dèmonstrationes geometricæ. *Parisiis. Muguet*, 1673, in-folio.

Factum de l'Abbé de Hautefeuille, touchant les Pendules de poche, contre M. Huyghens, 1675, in-4, dix-neuf pages.

Guillelmi Ougthred Ætonensis Opuscula Mathematica hactenus inedita. *Oxonii, et Theatro Scheldoniano,* 1677, in-8.— *Traité des Automates.*

Matth. Campani de Alimenis Horologium solo naturæ motu atque ingenio, dimetiens et numerans momenta temporis constantissime æqualia. *Romæ,* 1677, in-4.

Pendule perpétuelle, par l'Abbé de Hautefeuille, 1678, in-4.

J. J. Becheri Theoria et experientia de nova Temporis dimetiendi ratione et Horologiorum constructione. *Londini,* 1680, in-4.

Gilberti Clark, Ougthredus explicatus, ubi de constructione Horologiorum. *Londini,* 1682, in-4.

La partie arithmétique de l'horlogerie est bien traitée dans ce livre, selon le témoignage de Leibnitz.

Horological Disquisitions Anglicè, Impr. circà, 1698.

Dans ce livre on explique, par raisons astronomiques, pourquoi le mouvement du soleil n'est pas égal pendant le cours de l'année, et on donne des tables pour bien régler les pendules.

La Sphère mobile, présentée au roi Louis XIV par Martinot et Haye, 1701, *Paris, Moreau,* in-12.

Description d'une grande Horloge qui était en Allemagne dans la ville d'Aubourg, *Paris,* in-8.

Description d'une Horloge merveilleuse qui a été fabriquée dans la ville de Niort en Poitou, par le sieur Bouhain, in-12.

Description de l'Horloge planétaire du cardinal de Lorraine, inventée par Oronce Finé, in-4.

Christiani Hugenii Opuscula Posthuma, quæ continent..... Descriptionem Automati Planetarii, *Lugduni-Batavorum, Boulefteyn,* 1703, in-4, p. 30.

Traité de la construction et usages des instruments de mathématiques, par Bion, 2ᵐᵉ édition. *Paris, Boudot,* 1716, in-4.

Chapitre cinquième. Description d'une horloge à pendule à secondes fixes.

Règle artificielle du temps ou traité de la division naturelle et artificielle du temps. Des horloges et des montres de différentes constructions.

De la manière de les connaître et de les régler, par Sully. *Dupuis*, 1717, in-8.

Dans le traité préliminaire Sully parle de la construction des horloges et des montres en général ; il explique de quelle manière les roues agissent les unes sur les autres ; et il donne le moyen de supputer les tours et révolutions des roues.

Il marque les différents degrés de l'horlogerie. Elle a été d'abord fort grossière, ensuite on a fait d'assez petites horloges pour être portées dans la poche, et dont le principe du mouvement était un ressort qui agissait fort inégalement. Cette inégalité de force a été corrigée par l'invention de la fusée et de la corde à boyau ou chaîne d'acier, pour éviter les changements de l'intempérie de l'air. Enfin la plus grande perfection des montres est l'invention du ressort spiral, qui rectifie l'inégalité du mouvement du balancier, et lui donne presque la régularité du pendule.

Chapitre premier. Des différentes espèces d'horloges et de montres, et quels degrés d'exactitude on doit attendre de chacune de ces espèces en particulier, selon la nature de leur construction.

Il distingue trois sortes de puissance dans les horloges :

La première est la puissance motrice qui est le poids ou le ressort, lequel est le principe du mouvement.

La seconde est la puissance propagative, soit les roues et les pignons qui continuent le mouvement.

La troisième est la puissance réglante, qui est le pendule lequel règle le mouvement dans les horloges, et le rend égal et uniforme ; et dans les montres, c'est le petit ressort-spiral qui donne la régularité au balancier.

Chapitre deuxième. Des raisons, tant physiques que mécaniques, pourquoi les montres de poche ne peuvent pas aller aussi régulièrement que les pendules.

La principale cause est que le poids d'une horloge à pendule est suspendu sur un corps cylindrique qui est très-facile à faire, et au contraire la force du ressort dans une montre est appliquée, par le moyen de la chaîne, à un cône qu'on appelle fusée, qu'il est très-difficile de faire bien justement. Les montres faites sans fusée ne peuvent être justes. Une autre cause est le changement continuel qui arrive dans l'air.

Chapitre troisième. De la division naturelle et artificielle du temps.

La division naturelle est de diviser l'année en 365 jours, lesquels ne sont pas tout à fait égaux entre eux, puisque les vingt-quatre heures d'un jour dans les solstices sont plus longues que dans les équinoxes.

La division artificielle est de diviser les 365 jours en autant de parties parfaitement égales, c'est ce que l'on appelle jours de moyen mouvement, et dans la première ce sont des jours de mouvement apparent, ou du vrai mouvement.

Chapitre quatrième. Du mouvement apparent et du moyen de le trouver. Le meilleur moyen de le trouver est de se servir d'un bon cadran solaire horizontal bien posé, et de l'observer à midi.

Chapitre cinquième. Du temps égal et de la manière de le trouver.

Il faut choisir une étoile et observer au juste le moment auquel elle se cachera derrière quelque clocher ou cheminée, et faisant la même observation la nuit suivante, on observera que la même étoile sera cachée au même endroit 3 minutes 57 secondes avant le temps marqué par le pendule la nuit précédente. Si cette différence se rencontre, la pendule suit le temps égal ou moyen mouvement du soleil.

Chapitre sixième. De la manière de se servir du temps apparent et du temps égal pour bien régler les horloges et les montres.

Chapitre septième. Remarques utiles pour le choix des montres.

Chapitre huitième. Causes principales pourquoi on ne peut pas bien juger de la bonté d'une montre de poche par l'essai, et des règles pour en juger en deux jours autant qu'il est possible.

Chapitre neuvième. De la nature et de l'office du ressort-spiral dans les montres de poche, avec les règles pour faire avancer ou retarder le mouvement d'une montre.

Chapitre dixième. Règles générales pour le ménagement des montres de poche, et réflexions sur l'importance de l'art de les raccommoder et sur les abus qui s'y commettent (*Dom Jacques Allexandre*).

Inventions nouvelles. Pendule dont le cadran est rectiligne et les heures montrées par une figure qui se meut horizontalement, par l'Abbé de Hautefeuille. *Paris, le Breton,* 1717, in-4.

Lettre de Le Bon, horloger à Paris, place Dauphine, écrite à l'Abbé de Hautefeuille, le 2 août 1717.

On lit dans cette lettre le paragraphe suivant : « Je viens de mettre au jour un des plus beaux ouvrages qu'il y ait jamais eu, et approuvé de toute l'Académie des sciences. C'est une pendule qui marque le temps apparent et l'équation du soleil telle qu'elle est marquée dans la *Connaissance des temps,* seconde pour seconde, et enfin se rapporte toujours avec le soleil. »

Dans une seconde lettre du 2 octobre 1717, l'auteur explique son ouvrage en ces termes : « J'ai deux cercles concentriques pour marquer les minutes, dont un est pour le temps égal de la pendule, et l'autre pour le temps apparent ou équation du soleil. Le premier cercle va toujours d'un mouvement régulier, et l'autre suit le mouvement du soleil à la seconde par jour. Le changement de l'équation se fait à midi par le cadran des minutes qui avance ou retarde, suivant la table d'équation; et le cadran fixe sert à faire voir les différences du temps vrai au temps moyen; et on a le plaisir de voir les changements tels que la *Connaissance des temps* les donne pour chaque midi. J'oublie à vous dire qu'il y a deux cadrans pour les secondes et deux pour marquer les heures, qui ont leurs mouvements en raison de celui des minutes; et le grand cadran marque toujours le mouvement apparent du soleil par des aiguilles à l'ordinaire. »

Extrait de la Gazette d'Amsterdam du 27 août 1717.

« M. Le Roy, horloger dans la rue de Harlay, près du Palais, a présenté à l'Académie royale des sciences, une nouvelle pendule qui marque le temps vrai, le lieu du soleil et sa déclinaison. Cette pendule a été d'autant mieux reçue de MM. les académiciens, que l'auteur a suivi l'hypothèse astronomique, et qu'il est le premier qui ait pu joindre l'art à la pratique. Elle a été présentée à M. le duc d'Orléans qui a souhaité de voir la mécanique de cet ouvrage. »

Recueil d'ouvrages curieux ou Description du cabinet de M. de Servière. *Lyon, Forey*, 1719, in-4.

Horlogeographie pratique, ou la manière de faire les horloges à poids, avec la méthode de faire et diviser avec une seule ouverture de compas tous les cercles de la plate-forme des horlogers, et celle de trouver la proportion d'un diamètre à son cercle, tant pour les nombres entiers pairs qu'impairs, par le P. B. Religieux Augustin. *Rouen*, 1719, in-8.

L'auteur dit, dans sa préface, « qu'il a écrit sur cette matière, parce qu'il ne connaît aucun auteur qui l'ait traitée en français; qu'il l'a fait principalement pour les jeunes ouvriers, et non pas pour les maîtres auxquels il destine dans la suite quelque chose de plus curieux, comme de faire une horloge avec des roues ovales, etc. Il avoue qu'il n'est point horloger et qu'il n'a pas travaillé de sa main à l'horlogerie; c'est pour cela qu'il espère qu'on lui pardonnera s'il ne s'exprime pas en termes de l'art. »

Il divise son traité en cinq parties principales :

I. Abrégé d'arithmétique.

II. Abrégé de géométrie.

III. Instruction pour faire la plate-forme et pour s'en servir.

IV. Manière de faire un réveil-matin.

V. Manière de faire une horloge sonnant les heures.

Il cite dans sa préface un traité des horloges à roues fait par le père Caprilla, capucin.

Ditmarus Mersburgensis. Chro. liber vi, p. 399, editionis Leibnitii, an. 1717, in-folio.

« Gerbertus erat natus de occiduis regionibus a puero liberali arte nutritus, et ad ultimum Remensem urbem ad regendum juste permotus. Optime callebat astrorum cursus discernere et contemporales suos variæ artis notitia superare. Hic tandem a finibus suis expulsus, Ottonem petiit imperatorem, et cum eo diu conversatus in Magdeburg horologium fecit, illud recte constituens considerata per fistulam quadam stella Nautarum duce. »

Thomas Bozius de Signis Ecclesiæ Dei libro xxii, cap. 5, 94.

« Quis vero hic admirari satis queat horologiorum fabricationem, id fuit inventum Gerberti qui pontifex factus, dictus est Silvester secundus, quod Ephordiensis testatur. »

Guillelmi Marlot Metropolis Remensis Historia. *Remis, le Lorain*, 1679, in-folio, tom. IIe, p. 48.

Construction nouvelle de trois montres portatives, d'un nouveau balancier en forme de croix qui fait les oscillations des pendules très-petites, etc., par l'Abbé de Hautefeuille, 1722, in-2.

Traité des Forces mouvantes, par M. de Camus. *Paris, Jombert*, 1722, in-8.

Question proposée par Messieurs de l'Académie royale des sciences pour le second prix de l'année 1720. Quelle serait la manière la plus parfaite de conserver sur mer l'égalité du mouvement d'une pendule, soit par la construction de la machine, soit par la suspension. *Paris, Jombert*, 1722, in-4. — Le second prix a été adjugé à M. Massy, horloger à Amsterdam.

Extrait de la Gazette d'Amsterdam, 30 novembre 1723. Article de Paris, le 22 novembre.

« Le curé de Saint-Cyr *** a présenté à l'Académie des sciences une pendule qui suit exactement le mouvement journalier du soleil, par le moyen d'une simple roue, que le plus habile géomètre n'aurait peut-être pas imaginée, et qui a été cependant approuvée. »

Extrait de la Gazette d'Amsterdam du 25 avril 1724. Article de Paris, le 27 avril.

« Le sieur Thiout, maître horloger de cette ville, a inventé et construit deux pendules approuvées par l'Académie royale des sciences, qui marquent le temps vrai et le temps moyen; la première donne l'équation des secondes d'un midi à l'autre, et la deuxième ne donne cette équation que lorsqu'elle est d'une minute. On peut faire détendre telle sonnerie que l'on veut par l'heure vraie; il a supprimé l'ellipse dans ces pendules, attendu l'inconvénient à quoi cela est sujet. Il a aussi donné une méthode très-utile pour garantir les variations des pendules. L'auteur, qui demeure à l'entrée de la rue du Four, faubourg Saint-Germain, donnera de plus grands éclaircissements aux curieux qui le souhaiteront. »

ALEXANDRE (Jacq.). Traité général des horloges. *Paris*, 1734, in-8, fig.

ARNOLD (John). Instructions concerning his chronometers. *London*, in-4.

— Answer to an anonimous letter on the longitude. *London*, 1782, in-4.

— Certificates and circumstances relative to the going of his chronometers, 1791, in-4.

— Explanation of time-keepers constructed by him.

Beck-Calkoen (J.-F.). Dissertatio mathem.-antiquaria de horologiis veterum sciothericis. *Amst.*, 1797, in-8, fig.

Benedicti (Jo. Bapt.). De Gnomonum umbrarumque solarium usu. *Augustæ-Taurinorum*, 1574, in-folio, fig.

Berthoud (Ferd.). Essai sur l'horlogerie. *Paris*, 1768, 2 vol. in-4, fig.

— Traité des horloges marines. *Paris*, 1773, 1 vol. in-4.

— Histoire de la mesure du temps par les horloges. *Paris*, 1802, 2 vol. in-4, fig.

Bobynet (P.). Le cadran des cadrans. *Paris*, 1655, in-8.

Bosse (Abr.). La méthode universelle de Desargues, pour dresser les cadrans au soleil. *Paris*, 1643, in-8, fig.

Cancellieri (Fr.). Varie notizie sopra i campanili et sopra ogni sorta di orlogi, ed un' appendice di monumenti. Voyez ces notices à la suite d'un mémoire de l'auteur : *Le due nuove campane di Campidoglio* (Roma, 1806, in-4).

Cassini fils. Voyage fait par ordre du roi, en 1768, pour éprouver les montres marines inventées par Pierre Le Roy, avec le mémoire de cet horloger sur la meilleure manière de mesurer le temps en mer. *Paris*, 1770, 1 vol. in-4.

Castronius (B. M.). Horographia universalis. *Panormi*, 1728, in-folio, fig.

Caus (Salomon de). Pratique et démonstration des horloges solaires. *Paris*, 1624 in-folio, fig.

Coetsi (Henr.). Beschryvinge van Vlakke-sonnewysers. *Leiden*, 1705, in-4, fig.

Crespe. Essai sur les montres à répétition. *Genève*, 1804, 1 vol. in-8.

Cumming (Alex.). The elements of clock and watch-work adopted to practice, in two essays, plates. *London*, 1766, in-4.

Derham. Traité d'horlogerie pour les montres et les pendules, contenant le calcul des nombres propres à toutes sortes de mouvements; la manière de faire et de noter les carillons; l'histoire ancienne et moderne de l'horlogerie, etc., traduit de l'anglais (par A. Massy?). *Paris*, 1731, in-12, fig.

Pierre Dubois. La tribune chronométrique. *Paris*, 1852, in-4.

— Histoire des fabriques d'horlogerie de la Suisse et de la France. *Paris*, 1853, in-12.

— Histoire et traité de l'horlogerie ancienne et moderne, précédés de Recherches sur la mesure du temps dans l'antiquité, et suivis de la Biographie des horlogers célèbres. *Paris*, 1850, 1 vol. in-4, fig.

Ellicott (John). An account of the influence which two pendulum clocks were observed to have upon each other. *London*, in-4.

— Description of two methods by which the irregularities in the motion of a clock arising from the influence of heat and cold upon the Rob of the pendulum may be prevented. *Ib.*, 1753, in-4.

Falconnet. Dissertation sur Jacques de Dondis, auteur d'un horloge singulière, et, à cette occasion, sur les anciennes horloges. *Voy.* cette dissertation dans le t. XX de l'*Histoire et Mémoire de l'Académie des Inscriptions et Belles-Lettres*.

Fleurieu (de). Voyage fait par ordre du roi en 1768 pour éprouver en mer les montres marines de Ferd. Berthoud.

Floutrières (P. de). Traité d'horologiographie, auquel est enseigné à décrire et construire toutes sortes d'horloges au soleil…. *Paris*, 1619, in-8, fig.

Harrison (John). Principles of his timekeeper, plates. *Toul*, 1767, in-4.

— Account of the going of his watch, from may 6, 1766, to march 4, 1767. *Ib.*, 1767, in-4.

— A description concerning such mechanism as will afford a nice or tine mensuration of time, 1775, in-8.

Hume. Méthode universelle pour faire toutes sortes de cadrans. *Paris*, 1640, in-8, fig.

Huyghens (Christ.), horologium. *Hagæ-Comit.*, 1655, in-4, fig.

— Horologium oscillatorium. *Parisiis*, 1673, in-folio, fig.

Janvier (Antide). Étrennes chronométriques pour l'an 1811, ou Précis de ce qui concerne le temps, ses divisions, ses mesures, leurs usages, etc. *Paris*, 1810, in-12, fig.

— Essai sur les horloges publiques. *Ib.*, 1811, in-8, fig.

— Des révolutions des corps célestes par le mécanisme des rouages. *Ib.*, 1812, in-4, fig.

— Manuel chronométrique. *Ib.*, 1821, in-12, fig.

Jenkins (Henry). Description of several astronomical and geographical clocks, etc. *Lond.*, 1778, in-8, fig.

Jodin (Jean). Les échappements à repos comparés aux échappements à recul. *Paris*, 1766, in-12, fig.

Jurgensen (Urbain). Mesure du temps par les horloges. *Copenhague*, 1805, 2 vol. in-4, fig.

Lansbergen (P.). Bedenckingen op den dagelyckschen ende jaerlykschen loop ven Aerdt-kloot. *Middelb.*, 1656, in-4, fig.

—Beschryvinge der Vlakke-sonnewysers, uyt hert latin, en veztaeld door Jac. Mogge. *Middelburg,* 1656, in-folio, fig.

LEPAUTE (J.-A.). Traité d'horlogerie, contenant tout ce qui est nécessaire pour bien connaître et pour régler les pendules et les montres. *Paris,* 1760, in-4, fig.

MARINELLI (Domen.). Horologi elementari, con l'acqua, la terra, l'aria et il fuoco. *Venetiis, 1669,* in-4.

— Horologi elementari. *Venetia,* 1669, in-4, fig.

MOINET. Nouveau traité général d'horlogerie. *Paris,* 1848, 2 vol. in-8.

MUDGE (Th.). A Register of the going of his first timekeeper, from april 18, 1780, to may 7, 1781 ; with two other Registers of the same time-piece, in-4.

— Report from the select committee of the House of Commons on his petition. 1793, in-8.

— Report from the select committee of the house of Commons, to whom it was referred to consider of the report which was made from the committee to whom the petition of T. Mudge was referred. 1793, in-8.

— Description of the timekeeper invented by the late Mr. T. Mudge, and on the means of improving watches, plates. *Lond.,* 1799, in-4.

MUDGE (Th. J.). Narrative of facts relating to some timekeepers constructed for the discovery of the longitude at sea. *Ib.,* 1792, in-8.

— Reply to the Answer of the Rev. *Ib.,* 1792, in-8.

NICHOLSON (John). The operative mechanic, and British machinist, plates. *Ib.,* 1825, in-8.

NICHOLSON (Will.). Journal of natural philosophy, chemistry and the arts, plates. *Ib.,* 1797, 1802, 5 vol. in-4.

ODDI (Mutio). Degli horologi tratatto. *Venetiis,* 1638, in-4, fig.

PEIGNOT (Gabr.). L'illustre Jacquemart de Dijon. Détails historiques, instructifs et amusants sur ce haut personnage, domicilié en plein air depuis 1382, publiés avec sa permission en 1832, le tout composé de pièces et de morceaux, tant en français vieux et moderne qu'en patois bourguignon... . *Dijon,* 1833, in-8 de 108 pages, fig.

PIAZZI (H.). Sull' orologio italiano ed europeo riflessioni. *Palermo,* 1798, in-8.

RAILLARD (Claude). Extraits des principaux articles des statuts des maîtres horlogers, des années 1544-1719, registrées en parlement, avec le précis des édits, ordonnances, arrêts, etc., recueillis par Claude Raillard, ancien garde de la communauté. *Paris,* 1752, in-4.

RAINGO (M.). Description d'une pendule à sphère mouvante. *Paris*, 1823, 8 vol.

REID (Th.). Horology, extracted from Brewster's Edinburgh Cyclopædia, with Ms. notes by the authors, plates. *Edinb.*, 1819, in-4.

— Treatise on clock and watchmaking, theoretical and practical. *Ib.*, 1826, in-8.

(— Presentation copy, on large paper. Two copies only were printed on this size.)

— Ditto, small paper. *Ib.*, 1826, in-8.

— Repeating motion; Slockten's description of the plate. *Lond.*, 1819, in-4.

— Repertory of arts and manufactures, first series, 1794 to 1802. *Ib.*, 1794-1802, 16 vol. in-8.

— Second series, 1818 to 1825. *Ib.*, 1818-1825, 16 vol. in-8.

— Of patent inventions, new series, 1825 to 1830. 1825-1830, 10 vol. in-8.

— Reports of the commissioners appointed by the House of Commons, concerning the charities in England for the education of the poor; with index to the first fourteen reports. *Lond.*, 1819-1830, 21 vol. in-folio.

SALIER (l'abbé). Recherches sur les horloges des anciens. *Voy.* ces Recherches au t. IV des *Mémoires de l'Académie des Inscriptions et Belles-Lettres.*

SMITH (John). Horological disquisitions concerning the nature of time, with Ms. notes by the late Mr. Cumming, etc. *Lond.*, 1694, in-12.

SULLY (Henry). Description abrégée d'une horloge d'une nouvelle invention pour la mesure du temps sur mer. Fig., in-4, *Paris*, 1726.

— Règle artificielle du temps. Fig., in-8. *Ib.*, 1737.

THIOUT. Traité de l'horlogerie mécanique et pratique. *Ib.*, 1741, 2 vol. in-4, fig.

VIMERCATO (Gio-Batt). Milanese, monaco di Certosa. Dialogo degli horologi solari, nel quale, con ragioni speculative et praticche, facilmente s'insegna il modo da fabricar tutte le sorti di horologi. *Venezia, Gab. Giolito de Ferrari*, 1566, in-4, fig.

VŒLLI (Joan.). Libri tres de horologiis sciothericis. *Turnoni*, 1608, in-4, fig.

VULLIAMY (B.-L.). Some considerations on the subject of biblic clocks, particularly church clocks, with hints for their improvement; with the supplement. *Lond.*, 1826-1830, in-4.

Young (Th.). Lectures on natural philosophy and the mechanical arts, plates. *Ib.*, *Lond.*, 1807, 2 vol. in-4.

Ximenes (Leonardo). Del vecchio e nuovo gnomone fiorentino. *Firenze*, 1754, in-4, fig.

Vignaud. Traité élémentaire d'horlogerie. *Toulouse*, 1800, un vol. in-12. On peut voir aussi l'*Encyclopédie méthodique* au mot Horlogerie;

Le *Travail universel*, 2 vol. in-4, sur deux colonnes, par une société de savants et d'hommes de lettres sous la direction littéraire de J.-J. Arnoux. Le 1er volume de ce recueil renferme un compte-rendu complet de l'horlogerie européenne admise au concours universel de 1855, par Pierre Dubois;

Le *Moyen âge et la Renaissance.* 1er volume : Monographie de l'horlogerie, par Pierre Dubois;

L'*Encyclopédie du* xixe *siècle.* Voyez Horloges, Horloger, Horlogerie, par Pierre Dubois.

FIN

TABLE DES MATIÈRES

APPENDICE

NOTES

———

FIN DE LA TABLE DES MATIÈRES.

PARIS. — IMPRIMERIE DE J. CLAYE, RUE SAINT-BENOIT, 7.

www.ingramcontent.com/pod-product-compliance
Ingram Content Group UK Ltd.
Pitfield, Milton Keynes, MK11 3LW, UK
UKHW022329090726
13658UKWH00001B/178